Georg Stefan Hagemann

Mercedes-Benz Werkfeuerwehren und Werksrettungsdienste

–

Die nächste Generation

Motor
buch
Verlag

Einbandgestaltung: Sven Rauert

Fotos: Georg Stefan Hagemann (soweit nicht anders namentlich markiert)

Hinweis: Die Bezeichnungen der Fahrzeuge in diesem Buch entsprechen nicht den Normbezeichnungen, sondern werden so aufgeführt, wie sie in den Werkfeuerwehren genutzt werden. Eine Zuordnung zu den Kapiteln geschieht nach der Hauptnutzung der Fahrzeuge.

ISBN: 978-3-613-04712-9

1. Auflage 2024

Sie finden uns im Internet unter: www.motorbuch.de

Lektorat: Georg Otto
Innengestaltung: Jürgen Knopf, 74321 Bietigheim
Druck und Bindung: DZS GRAFIK d.o.o, 1210 Ljubljana, Slovenia
Printed in Slovenia

Inhaltsverzeichnis

Einleitung ... 6
Kommandowagen ... 9
Einsatzleitwagen ... 19
Klein- und Vorauslöschfahrzeuge ... 25
Löschgruppen-, Tank- und Sonderlöschfahrzeuge ... 39
Hilfeleistungslöschfahrzeuge ... 51
Hubrettungsfahrzeuge ... 75
Gerätewagen ... 87
Wechselladerfahrzeuge ... 103
Mannschaftstransportfahrzeuge ... 125
Rettungsdienstfahrzeuge ... 129
Danksagung ... 143

*Generationswechsel (1), **Werkfeuerwehr Mercedes-Benz Untertürkheim**. Das Hilfeleistungslöschfahrzeug (HLF 40) der Feuerwache Untertürkheim auf Mercedes-Benz Antos 1843 LL (links) und das Hilfeleistungslöschfahrzeug (HLF) der Feuerwache Mettingen auf Mercedes-Benz Actros 1835 (rechts) stehen Seite an Seite bei der Wachablösung im Mai 2016.*

Grund genug, eine kleine Zeitreise mit der ***Werkfeuerwehr Mercedes-Benz Untertürkheim*** *zu machen. Der Blick 40 Jahre zurück zeigt auf dem Bild oben den Fuhrpark der Werkfeuerwehr im Jahr 1984 vor der Feuerwache im Stammwerk Untertürkheim. Gut zu sehen ist das charakteristische Hochhaus in Werksmitte. (© WF Mercedes-Benz Untertürkheim)*
Dieselbe, modernisierte Wache aus einem anderen Blickwinkel zeigt das Bild unten mit dem Großteil des aktuellen Fuhrparks im Jahr 2024. Alle Fahrzeuge sind in diesem Buch zu finden.

1/65-2
FEUERWEHR
AROCS
RA WF 1652

Liebe Leserinnen und Leser,

elf Jahre nach dem Jubiläumsband »Werkfeuerwehren und Rettungsdienste von Mercedes-Benz in Europa«, 21 Jahre nach der ersten Buchausgabe über die Werkfeuerwehren von Mercedes-Benz und 136 Jahre nach Gottlieb Daimlers Patent »Feuerspritze mit Motorbetrieb« liegt nun die **nächste Fahrzeuggeneration** vor Ihnen und konzentriert sich auf die Werkfeuerwehren in **Deutschland, Frankreich, Polen und der Türkei**.

Das Buch wird geprägt durch die 2011-2013 eingeführte neue LKW-Generation der **Mercedes-Benz Actros, Antos** und **Arocs**. Als eines der weltweit ersten Feuerwehrfahrzeuge dieser Baureihen wurde im Jahr 2014 auf einem Mercedes-Benz Antos bei der Werkfeuerwehr in Gaggenau ein Teleskopmast (TM 42) in Dienst gestellt. 2016 folgten sechs Mercedes-Benz Antos als Hilfeleistungslöschfahrzeuge (HLF 40) für die Werkfeuerwehren in Untertürkheim und Sindelfingen, die die erste HLF-Generation von 1998 ablösten.

Durch die Abgasnorm Euro6 wurden technisch und optisch neue Fahrzeuggenerationen auch für die Mercedes-Benz LKW-Baureihen **Atego** und **Econic** entwickelt, von denen einige Fahrzeuge in den Werkfeuerwehren vertreten sind, ebenso wie die Nachfolge-Generationen der Mercedes-Benz Transporter Vito und Sprinter.
Neben den neu in Dienst gestellten Fahrzeugen sind alle anderen aktiven Einsatzfahrzeuge in diesem Buch zu finden und machen im Vergleich zur 2013er-Ausgabe die Veränderungen in den Fuhrparks mit 125 neuen Fahrzeugen in 309 neuen von 312 Bildern erkennbar. So ist die Typenvielfalt z.B. bei den Kommandowagen zugunsten der Mercedes-Benz B-Klasse gesunken, während sich der Trend zu den Wechselladerfahrzeugen fortsetzte, die weitere Werkfeuerwehren eroberten.
Außer bei der Fahrzeugtechnik haben sich in den letzten elf Jahren auch organisatorische Änderungen ergeben. So sind die Werkfeuerwehr des Versuchsgeländes ATP Papenburg und die Werkfeuerwehr Smartville in Hambach/Frankreich aus dem Konzern ausgeschieden, doch präsentieren sich **drei neue Werkfeuerwehren** in diesem Buch - zwei davon aus Deutschland. Die größte neue Einheit ist die 2018 gegründete Werkfeuerwehr in **Immendingen/Baden-Württemberg**. Mit der im gleichen Jahr erfolgten Inbetriebnahme des neuen PKW-Prüf- und Technologiezentrums auf einem ehemaligen Bundeswehrgelände wurden nicht nur 300 Arbeitsplätze geschaffen, sondern es wurde auch eine schlagkräftige Feuerwehr aufgestellt. Zunächst ausgestattet mit ehemaligen Fahrzeugen der Werkfeuerwehr in Sindelfingen wurden sieben Fahrzeuge neu beschafft, die aufgrund der Topografie und der im Winter herrschenden Wetterbedingungen mit Allradantrieb ausgestattet sind.

Die zweite neue Werkfeuerwehr in Deutschland befindet sich seit 2020 im Batteriewerk der Accumotive GmbH in **Kamenz/Sachsen**, einer 100%igen Tochtergesellschaft der Mercedes-Benz AG, und deckt die Einsätze mit einem MLF auf Mercedes-Benz Atego ab.

Als dritte neue Werkfeuerwehr wurde ebenfalls 2020 mit der Inbetriebnahme des neuen PKW-Motorenwerkes in **Jawor/Polen** eine Einheit aufgestellt, die neben einem RTW auf dem Mercedes-Benz Sprinter ein VLF auf der sehr seltenen Mercedes-Benz X-Klasse und ein HLF auf dem Mercedes-Benz Atego erhielt.

Einleitung

Auf den Fahrzeugbildern der deutschen Werke ist zu sehen, dass sich die Daimler AG im Dezember 2021 in zwei Aktiengesellschaften aufgeteilt hatte, in die Mercedes-Benz AG für PKW und Transporter sowie die Daimler Truck AG für LKW und Busse. Die Türaufschriften tragen für die Mercedes-Benz AG den Stern mit dem Werksnamen und für die Daimler Truck AG die Firmenbezeichnung mit dem Werksnamen. So wird dieses Buch wohl das letzte gemeinsame Dokument der Werkfeuerwehren beider ehemals zusammengehörigen Firmen sein.
Und warum heißt das Buch »Mercedes-Benz Werkfeuerwehren und Werksrettungsdienste«? Die Antwort ist einfach: Weil alle Werke weiterhin den Markennamen Mercedes-Benz tragen, denn sie produzieren Fahrzeuge, Aggregate und Komponenten für diese einzigartige Marke mit dem Stern!

Nach diesem Vorgeschmack auf das, was Sie erwartet, wünsche ich Ihnen, liebe Leserinnen und Leser, nun viel Freude beim Entdecken der neuen Generation.

Stuttgart, im Oktober 2024
Georg Stefan Hagemann
[c/o Daimler Truck AG,
georg_stefan.hagemann@daimlertruck.com]

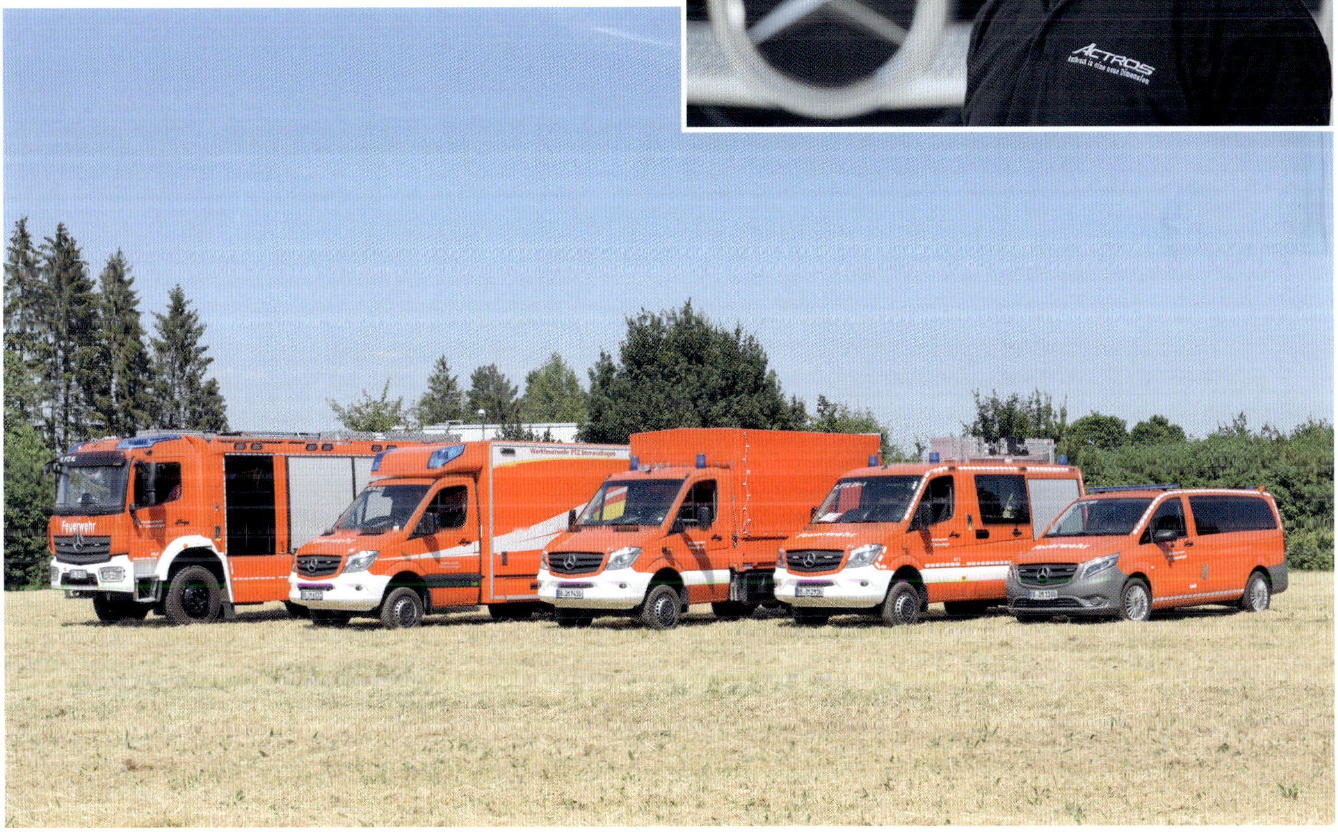

Die durchgehend mit Allradantrieb ausgestatteten Fahrzeuge der neu aufgestellten ***Werkfeuerwehr Prüf- und Technologiezentrum (PTZ) Immendingen*** *präsentierten sich im Sommer 2019 dem Autor dieses Buches (v.l.n.r.): Hilfeleistungslöschfahrzeug (HLF) Mercedes-Benz Atego 1630 AF 4x4, Rettungswagen (RTW), Gerätewagen-Logistik (GW-L) und eines der beiden Vorauslöschfahrzeuge (VLF), alle Mercedes-Benz Sprinter 519 CDI 4x4, sowie Einsatzleitwagen (ELW) Mercedes-Benz Vito 119 CDI 4x4.*

Generationswechsel (2), **Werkfeuerwehr Daimler Truck Mannheim.** Nach 21 Jahren im Einsatzdienst wurde im Dezember 2016 das Sondertanklöschfahrzeug (TLF 16/25-S) auf Mercedes-Benz 1424 F aus dem Jahr 1995 (links) durch das neue Sonderlöschfahrzeug (SLF) auf Mercedes-Benz Actros 2544 L 6x2/4 (rechts) abgelöst.

Generationswechsel (3), **Werkfeuerwehr Mercedes-Benz Sindelfingen.** Die neuen Hilfeleistungslöschfahrzeuge (HLF) auf Mercedes-Benz Antos 1843 LL mit Rosenbauer-Aufbau haben ihre Vorgänger auf Mercedes-Benz Actros 1835 mit Ziegler-Aufbau im Sommer 2016 zum Abschied in die Mitte genommen.

Kommandowagen

Die **Kommandowagen (KdoW)** dienen als wendige Verbindungsfahrzeuge für Fahrten im Werk oder für Dienstfahrten der Feuerwehrangehörigen. Sie werden zur Erkundung der Einsatzstellen und teilweise auch zur Führungsunterstützung verwendet. In der Regel sind die Kommandowagen der Werkfeuerwehren nur mit wenigen Ausrüstungsgegenständen bestückt und basieren auf Baureihen der Mercedes-Benz PKW. Die Fahrzeuge auf Basis von roten, weißen oder silbernen Serienlackierungen werden beklebt und sind nach ihrer Nutzung bei den Werkfeuerwehren als Gebrauchtfahrzeuge vermarktbar. In den letzten Jahren hat sich die Mercedes-Benz B-Klasse als idealer Kompromiss aus Platzangebot, Stauraum und Wendigkeit erwiesen. Daneben sind sowohl Fahrzeuge der Mercedes-Benz C- und E-Klasse als auch der GLC-Klasse vorhanden sowie Einzelstücke der Mercedes-Benz GLB-, GLK-, ML- und der G-Klasse und ein Mercedes-Benz Vaneo. Als Vorbote der Zukunft ist seit 2021 bei der Werkfeuerwehr in seinem »Geburtsort« Bremen ein vollelektrischer EQC im Einsatz.

Werk Bremen

Werkfeuerwehr Mercedes-Benz Bremen — KdoW

Deutschland / PKW-Montagewerk

Mercedes-Benz EQC 400 4matic
300 kW/408 PS, Allradantrieb permanent
Baujahr: 2019
In Dienst: 2021

Ausrüstung:
- Funkgerät
- Handfeuerlöscher
- Einsatzunterlagen
- Handleuchte Adalit

Werkfeuerwehr Mercedes-Benz Ludwigsfelde

KdoW

Deutschland / Transporter-Montagewerk

Mercedes-Benz Vaneo CDI 1.7
91 PS/67 kW
Baujahr: 2003
In Dienst: 2003

Ausrüstung:
- Funkgerät
- Messgeräte
- Handfeuerlöscher
- Einsatzunterlagen
- Einsatzleitrechner
- Atemschutzüberwachung
- Dokumentationsmaterial

Werkfeuerwehr Daimler Truck Wörth

KdoW

Deutschland / LKW-Montagewerk

Mercedes-Benz B 200 CDI
140 PS/103 kW
Baujahr: 2010
In Dienst:
2010-2021 Germersheim
seit 2021 Wörth

Ausrüstung:
- Einsatzunterlagen
- Funkausstattung
- Feuerlöscher
- Dokumentationsmaterial

Werkfeuerwehr Daimler Truck Kassel

KdoW

Deutschland / LKW-Achsenwerk

Mercedes-Benz B 200 CDI
136 PS/100 kW
Baujahr: 2012
In Dienst: 2013

Ausrüstung:
- Einsatzunterlagen
- Funkausstattung
- Feuerlöscher

Werkfeuerwehr Daimler Truck Mannheim

KdoW

Deutschland / LKW-Motorenwerk, Bus-Montagewerk

Mercedes-Benz B 200 CDI
136 PS/100 kW
Baujahr: 2012
In Dienst: 2013

Ausrüstung:
- Einsatzunterlagen
- Funkausstattung
- Feuerlöscher

Werkfeuerwehr Daimler Truck Wörth

KdoW

Deutschland / LKW-Montagewerk

Mercedes-Benz B 180 CDI
109 PS/80 kW
Baujahr: 2015
In Dienst: 2015

Ausrüstung:
- Einsatzunterlagen
- Funkausstattung
- Feuerlöscher
- Gasspürkoffer
- Rettungsrucksack
- Absicherungsmaterial
- Dokumentationsmaterial
- Digitalkamera

Werkfeuerwehr Daimler Truck Gaggenau

KdoW

Deutschland / LKW-Aggregatewerk

Mercedes-Benz B 180
143 PS/105 kW
Baujahr: 2018
In Dienst: 2019

Ausrüstung:
- BOS-Funkgerät
- Feuerlöscher
- Einsatzunterlagen

Werkfeuerwehr Daimler Truck Mannheim — KdoW

Deutschland / LKW-Motorenwerk, Bus-Montagewerk

Mercedes-Benz B 250
224 PS/165 kW
Baujahr: 2019
In Dienst: 2019

Ausrüstung:
- Einsatzunterlagen
- Funkausstattung
- Feuerlöscher

Werkfeuerwehr Daimler Truck Mannheim — KdoW

Deutschland / LKW-Motorenwerk, Bus-Montagewerk

Mercedes-Benz B 250 4matic
224 PS/165 kW
Allradantrieb permanent
Baujahr: 2023
In Dienst: 2023

Ausrüstung:
- Einsatzunterlagen
- Funkausstattung
- Feuerlöscher

Werkfeuerwehr Mercedes-Benz Rastatt

KdoW

Deutschland / PKW-Montagewerk

Mercedes-Benz GLB 200
163 PS/120 kW
Baujahr: 2020
Umbau KdoW 2022
In Dienst: 2023

Ausrüstung:
- Einsatzunterlagen, Laptop
- Funkgeräte
- Feuerlöscher
- Handleuchten
- Megaphone
- Dokumentationsmaterial
- Absperrmaterial

Werkfeuerwehr Mercedes-Benz Sindelfingen

KdoW

Deutschland / PKW-Montagewerk

Mercedes-Benz C 250d T 4matic
204 PS/150 kW
Allradantrieb permanent
Baujahr: 2017
In Dienst: 2018

Ausrüstung:
- BOS-Funk
- Feuerlöscher
- Heckauszug für PSA

Werkfeuerwehr Daimler Truck Kassel

KdoW

Deutschland / LKW-Achsenwerk

Mercedes-Benz E 250 CDI
204 PS/150 kW
Baujahr: 2012
In Dienst:
2012-2020 Sindelfingen
seit 2020 Kassel
(neu foliert, altes Kennzeichen)

Ausrüstung:
- BOS-Funk
- Einsatzunterlagen

Werkfeuerwehr Mercedes-Benz Sindelfingen

KdoW

Deutschland / PKW-Montagewerk

Mercedes-Benz E 250d T
204 PS/150 kW
Baujahr: 2019
In Dienst: 2019

Ausrüstung:
- BOS-Funk
- Feuerlöscher
- Heckauszug für PSA

Werkfeuerwehr Mercedes-Benz Bremen — KdoW

Deutschland / PKW-Montagewerk

Werk Bremen

Mercedes-Benz GLK 350 BlueTec 4matic
258 PS/190 kW
Allradantrieb permanent
Baujahr: 2015
In Dienst: 2015

Ausrüstung:
- Atemschutzgerät
- Wärmebildkamera
- Notfallkoffer
- Feuerlöscher

Werkfeuerwehr Mercedes-Benz Germersheim — KdoW

Deutschland / Global Logistics Center

Mercedes-Benz GLC 250 4matic
211 PS/155 kW
Allradantrieb permanent
Baujahr: 2017
In Dienst: 2019

Das Fahrzeug wurde zunächst als Vorführfahrzeug genutzt.

Ausrüstung:
- Funkgerät Feuerlöscher

Heckauszug mit:
- Einsatzunterlagen
- Wärmebildkamera
- Messtechnik
- Dokumentationsmaterial
- Megafon

Werkfeuerwehr Mercedes-Benz Untertürkheim — KdoW

Deutschland / PKW-Aggregatewerk, Standort Mettingen

Mercedes-Benz
GLC 220d 4matic
197 PS/145 kW
Allradantrieb permanent
Baujahr: 2023
In Dienst: 2023

Ausrüstung:
- BOS-Funkgerät
- Betriebsfunk
- Feuerlöscher

Werkfeuerwehr Mercedes-Benz Düsseldorf — KdoW

Deutschland / Transporter-Montagewerk

Mercedes-Benz
GLC 300e 4matic
Benzinmotor 204 PS/150 kW
Elektromotor 136 PS/100 kW
Reichweite elektrisch: ca. 100 km
Allradantrieb permanent
Baujahr: 2023
In Dienst: 2024

Ausrüstung:
- Funkgeräte
- Handleuchte
- Einsatzunterlagen
- Dokumentationsmaterial
- First-Responder-Rucksack
- Persönliche Schutzausrüstung

Werkfeuerwehr Mercedes-Benz Düsseldorf

KdoW

Deutschland / Transporter-Montagewerk

Mercedes-Benz
ML 250 BlueTec 4matic
204 PS/150 kW
Allradantrieb permanent
Baujahr: 2014
In Dienst: 2014

Ausrüstung:
- Einsatzunterlagen
- Feuerlöscher
- Persönliche Schutzausrüstung

Werkfeuerwehr Mercedes-Benz Hamburg

KdoW

Deutschland / PKW-Aggregatewerk

Mercedes-Benz G 270 CDI 4x4
156 PS/115 kW, zGM 3,5 t
Allradantrieb permanent
Baujahr: 2001
Ausbau VLF / in Dienst 2006
Umbau KdoW 2024

Ausrüstung:
- Einsatzunterlagen
- Feuerlöscher
- Rettungsrucksack

Einsatzleitwagen

Als Basis für die **Einsatzleitwagen (ELW),** die zur Führung von Einsatzstellen mit Führungs- und Kommunikationsmitteln eingesetzt werden, werden bei den Mercedes-Benz-Werkfeuerwehren Fahrzeuge der Baureihen Vito und Sprinter genutzt. Zum größten Teil sind feste Funkarbeitsplätze eingebaut, ergänzt durch tragbare Funkgeräte und Einsatzunterlagen. Der Einbau von drehbaren Frontsitzen und Klapptischen sowie die Kommunikationseinrichtungen (Laptop, Projektor, Faxgerät) machen eine Nutzung des Fahrer- und Beifahrerbereiches zusammen mit den hinteren Sitzplätzen als Besprechungsraum möglich. Zusätzlich sind die Einsatzleitwagen mit Material zur Einsatzdokumentation und Einsatzstellenabsicherung, einige der Fahrzeuge mit Messgeräten und Beleuchtungsmaterial ausgestattet.

Obwohl die Fahrzeuge aus Untertürkheim und Immendingen als **Kommandowagen (KdoW)** bezeichnet werden, werden sie aufgrund ihrer umfangreichen Ausstattung und Nutzung als Einsatzleitwagen in diesem Kapitel vorgestellt.
Auch in diesem Kapitel gibt es ein vollelektrisches Fahrzeug, einen eVito Tourer bei der Werkfeuerwehr in Untertürkheim.

Werkfeuerwehr Mercedes-Benz Untertürkheim — KdoW

Deutschland / PKW-Aggregatewerk, Wache Mettingen

Mercedes-Benz eVito Tourer
max. 150 kW/204 PS, zGM 3,5 t
Baujahr: 2023/2024
In Dienst: 2024

Ausbau Compoint:
- Funkarbeitsplatz
- Objektunterlagen
- Feuerlöscher
- Absicherungsgerät
- Ausrüstung zur Einsatzdokumentation

Werkfeuerwehr Mercedes-Benz Untertürkheim — KdoW

Deutschland / PKW-Aggregatewerk, Wachen Untertürkheim & Mettingen

Mercedes-Benz
Vito 119 BlueTec
190 PS/140 kW, zGM 3,0 t
Baujahr: 2018
In Dienst: 2018

Ausbau Compoint:

- drehbare Frontsitze
- Besprechungstisch
- Objektunterlagen
- Atemschutzgerät
- Wärmebildkamera
- Absicherungsgerät
- Feuerlöscher
- Ausrüstung zur Einsatz-Fotodokumentation
- Funkausrüstung in der Instrumententafel

Werkfeuerwehr PTZ Immendingen — KdoW

Deutschland / PKW-Prüf- und Technologiezentrum

Mercedes-Benz
Vito 119 BlueTec 4x4
190 PS/140 kW, zGM 3,0 t
Allradantrieb permanent
Baujahr: 2018
In Dienst: 2018-2024

Ausbau Barth:

- Funkarbeitsplatz
- Besprechungstisch
- Einsatzunterlagen
- Feuerlöscher Schaum 6 kg
- Gasmessgerät Xam2500
- Wärmebild- und Digitalkamera

Werkfeuerwehr Daimler Truck Mannheim

ELW

Deutschland / LKW-Motorenwerk, Bus-Montagewerk

Mercedes-Benz
Sprinter 313 CDI
129 PS/95 kW, zGM 3,5 t
Baujahr: 2005
In Dienst: 2005

Ausbau Weschenfelder:
- Besprechungsraum
- Einsatzunterlagen Lagepläne
- Atemschutzgeräte
- Funkausrüstung (2m/4m BOS)
- Handsprechfunkgeräte
- Telefon Faxgerät
- Laptop Feuerlöscher
- Wetterschutzmarkise

*Zeitreise **Werkfeuerwehr Daimler Truck Mannheim:** Die restaurierte erste Produktionshalle im Werk Mannheim bildete im September 2019 den Hintergrund für die drei Großfahrzeuge der Werkfeuerwehr. Die Fahrzeuge trugen den zum damaligen Zeitpunkt gültigen Firmennamen und sind mit aktueller Beschriftung in diesem Buch zu finden.*

Werkfeuerwehr Mercedes-Benz Bremen

ELW

Deutschland / PKW-Montagewerk

Werk Bremen

Mercedes-Benz
Sprinter 316 CDI
163 PS/120 kW, zGM 3,5 t
Baujahr: 2011
In Dienst: 2012

Ausbau TDS Invents:

- Funktisch Handfunkgeräte
- Frontsitze drehbar mit Funktischsitzen zur Besprechung nutzbar
- Atemschutzgerät Dräger
- Honda-Generator 2 kVA
- Einsatzrechner, Einsatzunterlagen
- Internetanschluss
- Multifunktionsdrucker
- Notfallkoffer

Werkfeuerwehr Mercedes-Benz Sindelfingen

ELW

Deutschland / PKW-Montagewerk

WERKFEUERWEHR SINDELFINGEN

Mercedes-Benz
Sprinter 319 CDI
190 PS/140 kW, zGM 3,5 t
Baujahr: 2011
In Dienst: 2012

Ausbau Rosenbauer:

- Funkraum (2 Funkplätze) darstellbar mit drehbaren Frontsitzen
- Besprechungsbereich
- Einsatzunterlagen
- Wärmebildkamera
- Messkoffer Multiwarn
- CMS-Messgerät
- Probenentnahmekoffer, Dokumentationskoffer, Feuerlöscher

Werkfeuerwehr Daimler Buses Neu-Ulm

ELW

Deutschland / Bus-Montagewerk

Mercedes-Benz
Sprinter 316 BlueTec
163 PS/ 120 kW, zGM 3,5 t
Baujahr: 2018/ 2019
In Dienst: 2019

Ausbau Visser:

- Seitliche Markise
- Dachklimaanlage
- Einsatzleitrechner-Arbeitsplatz mit zwei Bildschirmen
- BOS-Funkausstattung
- Einsatzunterlagen
- Fernthermometer

Im Heckgeräteraum:
Stromerzeuger 3 kVA, Feuerlöscher, Absperrmaterial, Wärmebildkamera, Einsatzpläne, 4 Verkehrsleitkegel faltbar, 2 Megafone, Handsprechfunkgerät und Handleuchte jeweils mit Ladestation, Notfallrucksack.

*Komplett erneuert wurde der Löschzug **Werkfeuerwehr Daimler Buses Neu-Ulm**: Neben dem ELW stehen das VLF auf Mercedes-Benz Atego 1427 F, das HLF auf Mercedes-Benz Atego 1630 F sowie der Gerätewagen auf Mercedes-Benz Atego 1221 L für alle Einsätze bereit.*

Löschzug der **Werkfeuerwehr Mercedes-Benz Bremen**, September 2021: Der Teleskopmast (TM 51) auf Mercedes-Benz Arocs 3243 L 8x4/4 NLA und das Vorauslöschfahrzeug (VLF) auf Mercedes-Benz Sprinter 519 CDI rahmen die beiden Hilfeleistungslöschfahrzeuge (HLF) auf Mercedes-Benz Atego 1530 F ein. Alle Fahrzeuge mit Rosenbauer-Aufbauten stammen aus den Jahren 2019-2021.

Ein modernes Fahrzeug-Pärchen: Die Mercedes-Benz Antos der **Werkfeuerwehr Daimler Truck Gaggenau** (links TM 42, Antos 2543 L 6x2/4 und rechts GTLF 50/80-5, Antos 2851 L 6x2/4) präsentierten sich im März 2018 mit den damals gültigen Aufschriften dem Fotografen aus nächster Nähe.

Klein- und Vorauslöschfahrzeuge

Klein- und Vorauslöschfahrzeuge (KLF/VLF) der Mercedes-Benz Werkfeuerwehren werden überwiegend auf Transportern der Baureihen Vito und Sprinter realisiert und dienen als Einheiten zur Bekämpfung von Entstehungs- und Kleinbränden. Die **Vorauslöschfahrzeuge VLF** (Besatzung 1/2 oder 1/3) werden in der Regel zusammen mit Hilfeleistungslöschfahrzeugen HLF (Besatzung 1/4 oder 1/5) eingesetzt und bilden mit diesen eine Löschgruppe. Die **Kleinlöschfahrzeuge KLF** werden aufgrund ihrer geringen Bauhöhe unter 2 m auch dazu genutzt, in den weitläufigen Parkhäusern den Brandschutz sicherzustellen und werden in den Löschzug eingebunden oder solitär eingesetzt.

Zu Beginn dieses Kapitels sind drei internationale Exoten zu sehen, nämlich die VLF bzw. KLF der Werksstandorte in Frankreich, Polen und der Türkei.

Das **ATV (All-Terrain-Vehicle)** der Werkfeuerwehr im Werk Hosdere macht den Anfang. Dieses Quad ist als schnelles Vorausfahrzeug auf dem verzweigten und hügeligen Werksgelände besonders gut geeignet.

Mercedes-Benz Türk A.Ş.
İTFAİYE

Werkfeuerwehr Mercedes-Benz Türk Hosdere — ATV

Türkei / Bus-Montagewerk

KUBA MX320 4x4
Motor 10 PS/7,35 kW, zGM 0,3 t
Allradantrieb permanent
Baujahr: 2018
In Dienst: 2018

Ausrüstung:
- Feuerlöscher (6 kg Pulver)
- Hochdrucklöscher (10 l Wasser)
- Atemschutzgerät
- Einsatzunterlagen

Betriebsfeuerwehr CTT Molsheim

KLF

Frankreich / LKW-Umbauwerk

Mercedes-Benz Custom Tailored Trucks

Mercedes-Benz L 306 D
Motor 60 PS/44 kW, zGM 3,3 t
Baujahr: 1973
In Dienst: 1973

Aufbau SIDES für Besatzung 1/3:

- SIDES-Tragkraftspritze (600 l/min bei 8 bar) Antrieb mit Renault-Motor
- 300 l Wasser
- 25 l Schaummittel im Kanister
- 50 kg Löschpulver
- 1x Schnellangriff Wasser/Schaum 2x Schnellangriff Pulver
- 3 Feuerlöscher
- Strahlrohre, Armaturen, Verteiler, Schlauchmaterial, Zumischer, Schwerschaumrohr
- Krankentrage

Besonderheiten:

- Der Angriffstrupp sitzt auf offenen außen angebrachten Sitzen hinter dem Fahrerhaus.
- Das Fahrzeug feierte im Jahr 2023 sein **goldenes Einsatzjubiläum** und steht seit über **50 Jahren** in Diensten der Betriebsfeuerwehr.
- Trotz guter Pflege und geringer Einsatzzahlen hat eine Nachfolgeplanung begonnen.

Mercedes-Benz

Werkfeuerwehr Mercedes-Benz Jawor

VLF

Polen / PKW-Motorenwerk

Mercedes-Benz X 350d 4matic
V6-Dieselmotor 258 PS/190 kW,
zGM 3,5 t
Allradantrieb permanent
Baujahr: 2020
In Dienst: 2020

Aufbau Zezsuta mit Alpha-Hardtop:

- Hochdrucklöschanlage CAFS (Compressed Air Foam System) mit 100 l Löschmittel und Schnellangriff
- Stihl-Motorkettensäge
- Stihl-Motortrennschleifer
- Erste-Hilfe-Tasche mit Defibrillator
- Handwerkzeug

Werkfeuerwehr Daimler Truck Gaggenau

VLF

Deutschland / LKW-Aggregatewerk

Mercedes-Benz Sprinter 518 CDI
184 PS/135 kW, zGM 5,3 t
Baujahr: 2007
In Dienst: 2007

Aufbau Rosenbauer

- Besatzung 1/3
- Einbaugenerator 65 kVA
- Lichtmast 4x 500 W 6 m Höhe
- Rosenbauer UHPS Hochdrucklöschanlage mit 60 m Schnellangriff
- 200 l Wasser, 20 l Schaummittel
- Motorkettensäge
- Akku-Hydraulik-Rettungsgerät mit Schere und Spreizer

Werkfeuerwehr Daimler Truck Wörth

VLF 10/6

Deutschland / LKW-Montagewerk

Mercedes-Benz Sprinter 518 CDI
184 PS/135 kW, zGM 5,3 t
Baujahr: 2009
In Dienst:
2009-2021 Mannheim,
seit 2023 Wörth

Aufbau Rosenbauer, Umbau Empl

- Besatzung 1/3
- Einbaugenerator 5 kVA
- Lichtmast 4x 35 W LED 6 m Höhe
- Rosenbauer-Heckpumpe FPN 10-1000 (1000 l/min)
- 600 l Wasser
- Schlauchtragekörbe 2x C, 1x B
- C-Schlauch mit Strahlrohr als Schnellangriff, Verteiler mit B-Schlauch
- Akku-Säbelsäge, -Winkelschleifer, -Beleuchtungssatz, -Glasschneider

Werkfeuerwehr Mercedes-Benz Rastatt — VLF

Deutschland / PKW-Montagewerk

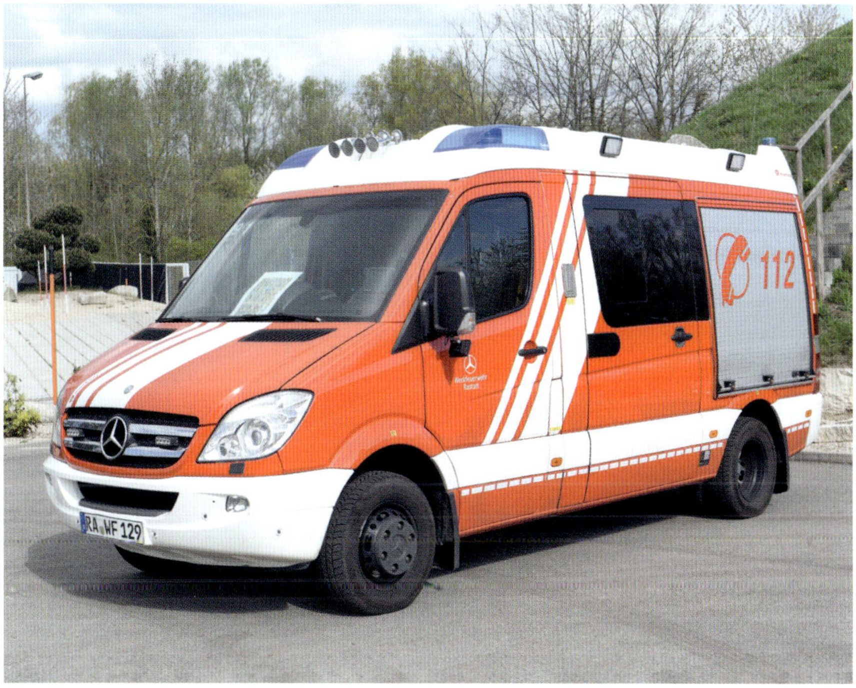

Mercedes-Benz Sprinter 519 CDI
190 PS/140 kW, zGM 5 t
Baujahr: 2011
In Dienst: 2011

Aufbau Rosenbauer

- Besatzung 1/3
- Stromerzeuger 13 kVA
- Lichtmast 4x 35 W Xenon
- Rosenbauer UHPS (38 l/min bei 100 bar)
- Schnellangriff 60 m DN12
- 135 l Wasser, 40 l Schaummittel
- Stihl Rettungssäge, Trennschleifer
- Weber Kombigerät (Schere/Spreizer)

Werkfeuerwehr Mercedes-Benz Türk Hosdere — VLF

Türkei / Bus-Montagewerk

Mercedes-Benz Sprinter 519 CDI
190 PS/140 kW, zGM 5 t
Baujahr: 2012
In Dienst: 2013

Aufbau Volkan

- Besatzung 1/4
- Warn-Vorbauwinde 15 kN Zugkraft
- Lichtmast 2x 500 W 7 m Höhe
- Hochdrucklöschanlage
- 200 l Wasser, 20 l Schaummittel
- Schnellangriff
- Stihl-Motorsäge/-trennschleifer
- Holmatro-Rettungsgerät mit Schere und Spreizer
- Motor-Hydraulikmeißel Wacker Neuson
- Stromerzeuger Honda HK12000 (12 kVA)

Werkfeuerwehr Mercedes-Benz Rastatt VLF

Deutschland / Standort Karosserie-Pressteilewerk Kuppenheim

Mercedes-Benz Sprinter 519 CDI, 190 PS/140 kW, zGM 5,3 t, Baujahr/in Dienst 2014, seit 2015 im Werkteil Kuppenheim stationiert, **Aufbau Rosenbauer** (Besatzung 1/3): Einbaugenerator 7 kVA, Lichtmast 2x 500 W, 6 m Lichtpunkthöhe, Umfeldbeleuchtung, **im Mannschaftsraum**: Handscheinwerfer, 4 Auer Atemschutzgeräte, 2 Ersatzflaschen, Wärmebildkamera, 2 Chemieschutzanzüge, Notfallrucksack, Elektrowerkzeug, Messgeräte

Ausrüstung rechts: hydraulisches Kombirettungsgerät (Akkubetrieb) mit Schere, Spreizer und Rettungszylindern, Beleuchtungssatz, Motor-Kettensäge mit Zubehör und Schutzkleidung, Kabeltrommeln, Unterbaumaterial, 20 l Ölbindemittel

Ausrüstung links: Schlauchtragekorb C, B-Druckschläuche, Schmutzwasserpumpe, Hebe-/Dichtkissen, Feuerlöscher. **Im Heck**: Rosenbauer UHPS Hochdruck-Löschanlage (Ultra High Pressure System, 38 l/min bei 100 bar), 60 m Schnellangriff, 200 l Wasser, 20 l Schaummittel

Werkfeuerwehr Mercedes-Benz Rastatt VLF

Deutschland / PKW-Montagewerk

Mercedes-Benz Sprinter 519 CDI, 190 PS/140 kW, zGM 4,5 t, Baujahr/in Dienst 2017
Aufbau Wiss, PA für komplette Besatzung (1/3), Dynawatt Einbaugenerator 7,5 kVA, LED Umfeld- und Geräteraumbeleuchtung, Löschwassertank im Aufbauboden mit 250 l Inhalt

Ausrüstung rechts: Schnellangriff Strom, Beleuchtungsgerät, Unterbaumaterial, Rettungsgeräte hydraulisch/ pneumatisch. **Im Mannschaftsraum**: Sortimo-Schrank mit Notfallkoffer, AED, Gasmessgerät, Wärmebildkamera, Absturzsicherung.
Dachbeladung: Lichtmast 4x 25 W LED, auf 4m Höhe ausfahrbar, Universal- und Klappleiter

Ausrüstung links: Schlauchmaterial B, Verteiler. 3x Schlauchtragekorb C. **Im Heck:** Rosenbauer UHPS (Ultra High Pressure System) mit Verbrennungsmotor, max. 38 l/min bei 100 bar, Schaumzumischung 0-6% stufenlos, Schnellangriff 60 m Schlauchlänge (DN 12/20), Strahlrohr, Schaumvorsatz, 20 l Schaummittel, Feuerlöscher Pulver, Schaum, CO_2

Werkfeuerwehr Mercedes-Benz Sindelfingen

KLF

Deutschland / PKW-Montagewerk

Mercedes-Benz Vito 119 Bluetec, 190 PS/140 kW, zGM 3 t, Baujahr/in Dienst 2017
Ausbau Barth für Besatzung 1/1

Ausrüstung im Heck: Tragkraftspritze Rosenbauer Otter, 150 l Wasser, 20 l Schaummittel im Kanister, 2x C-Schlauch mit Strahlrohr, CO_2-Löscher, Strahlrohr, Schaumrohr, Feuerwehrsauger, Schlauchtragekorb C.

Ausrüstung rechts: 1x PA, Verkehrsleitkegel, Blitzleuchte, Schutzanzug, Abdeckplanen.

Ausrüstung links: 1x PA, Weber-Hydraulikaggregat mit Schere / Spreizer, 3x Hilti-Elektrobohrhammer.

Werkfeuerwehr PTZ Immendingen

VLF

Deutschland / PKW-Prüf- und Technologiezentrum

Mercedes-Benz Sprinter 519 BlueTec 4x4, 190 PS/140 kW, zGM 5,3 t, Allradantrieb permanent, Baujahr/in Dienst 2018, **Aufbau Rosenbauer** (Besatzung 1/3): Wassertank 500 l, Schaummitteltank 50 l.
In der Mannschaftskabine: Feuerlöscher: Pulver 6 kg und CO_2 5 kg, 2 Atemschutzgeräte, Handleuchten, Handsprechfunkgeräte, Wärmebildkamera, Gasmessgerät Xam7000, Teleskopleiter, Notfallrucksack, Hochdrucksprühgerät, 4 Faltleitkegel, 2 Blitzleuchten, Glasmanagement, Ölbindevlies, Akku-Säbelsäge, Akku-Winkelschleifer, Akku-Schrauber

Ausrüstung rechts: Hydraulikaggregat V-Eco Compact, Kombigerät Schere/Spreizer SPS400, Rettungszylinder, 2 Hebekissen. **Heckbeladung:** Tragkraftspritze Rosenbauer Fox4, Motorkettensäge mit Schutzkleidung, Halligantool, Bolzenschneider.

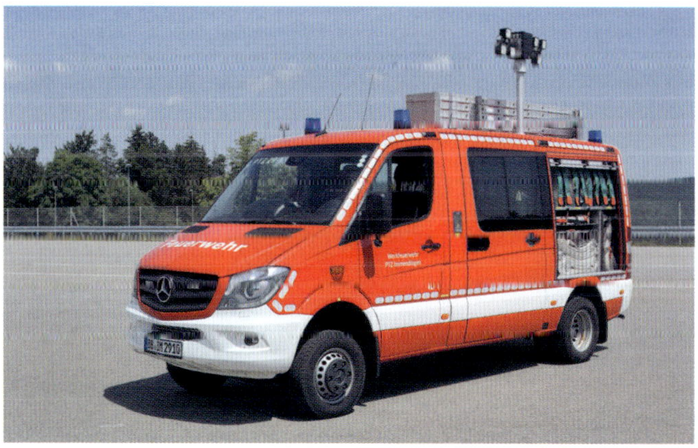

Ausrüstung links: Schlauchpakete D30 und C35 mit Hohlstrahlrohr, 8x B-Schlauch, Schlauchtragekörbe 1x B, 2x C. **Dachbeladung:** 4-teilige Steckleiter, Lichtmast 6x 35 W LED, auf 4 m Höhe ausfahrbar.

Werkfeuerwehr Daimler Truck Wörth — VLF 5/3

Deutschland / LKW-Montagewerk

Mercedes-Benz Sprinter 519 CDI, 190 PS/140 kW, zGM 5,5 t, Baujahr/in Dienst 2020
Aufbau Empl (Besatzung 1/3), Einbau-Generator Travelpower 8 kVA, 300 l Wassertank.
Im Fahrerhaus: Sitze mit Atemschutzgerät, Funkgeräte, Mehrgasmessgerät, Einsatzunterlagen

Ausrüstung rechts: Feuerlöscher (CO_2, ABC-Pulver), Schnellangriff Wasser, Schlauchtragekörbe, Rauchverschluss, Gullydichtkissen. **Im Mannschaftsraum:** 4 CSA, 2 PA, Fluchthauben, Notfallrucksack mit AED, Wärmebildkamera, Handscheinwerfer, Handlampen, Handfunkgeräte, Krallen-, Saug-, Vakuumheber. **Dachbeladung**: Lichtmast Fireco 4x 40 W LED, 4 m Höhe.

Ausrüstung links: Weber Akku-Kombigerät Schere/Spreizer SPS370E-Force, Abstützsystem Stab-Pack, Weber Rescue light LED 28V, Akku Werkzeuge 28V, Minihebekissen, Faltbehälter Otter160 l. **Heckseitig:** Jöhstadt PFPN 6/500 (500 l/min, 6 bar), Schaltschrank Einbaugenerator, Halligantool, Teleskopleiter, Chemikalienbindevlies, Absenkvorrichtung für Multifunktionsleiter.

Werk Bremen

Werkfeuerwehr Mercedes-Benz Bremen — VLF

Deutschland / PKW-Montagewerk

Mercedes-Benz Sprinter 519 CDI, 190 PS/140 kW, zGM 5,5 t, Baujahr/in Dienst 2021
Aufbau Rosenbauer CL: 500 l Wasser, 20 l Schaummittel, Einbaugerator 5 kVA

Ausrüstung rechts u.a.: Schnellangriff Wasser mit Schlauchpaket C42 und Hohlstrahlrohr, 2 Schlauchtragekörbe mit 3x C42, Feuerlöscher (CO_2, ABC-Pulver), Kübelspritze.
Im Heck: Rosenbauer UHPS XL auf Auszug mit Einspeisung von außen/ vom Wassertank, Teleskopleiter.

Ausrüstung links: Weber Akku-Kombigerät Schere/ Spreizer, Weber Quicklight LED 28V, Akku-Werkzeuge 28V, Ölbindemittel, Ölbindevlies, 3 Blitzleuchten, 4 Verkehrsleitkegel, Kabeltrommel.
Im Mannschaftsraum: 4 CSA, 4 PA, Fluchthauben, Notfallrucksack, Wärmebildkamera, Digitalkamera.

Werkfeuerwehr Mercedes-Benz Ludwigsfelde VLF

Deutschland / Transporter-Montagewerk

Mercedes-Benz Sprinter 519 CDI, 190 PS/140 kW, zGM 5,5 t, Baujahr 2022, in Dienst 2023
Aufbau Ziegler: Druckluftschaumanlage OneSeven, 500 l Wasser, 20 l Schaummittel

Ausrüstung rechts: Schlauchmaterial C, Schlauchtragekorb C, Feuerlöscher, Löschdecke, Akkuleuchte, Rettungsbrett. **Im Mannschaftsraum:** 4 Verkehrsleitkegel faltbar, 2 Blitzleuchten, 2 PA in die Sitze integriert.
Im Fahrzeugheck: Schlauchmaterial B und C in Buchten gelegt, Verteiler, Teleskopleiter.

Ausrüstung links: Schleifkorbtrage teilbar, Werkzeugkoffer rollbar, Ölbindevlies, Rettungsrucksack. **Dachbeladung:** Lichtmast pneumatisch auf 6 m Höhe ausfahrbar, 4x 30 W LED, Dachkasten abklappbar mit 4 Steckleiterteilen.

Werkfeuerwehr Daimler Buses Neu-Ulm — VLF

Deutschland / Bus-Montagewerk

Mercedes-Benz Atego 1427 F, 272 PS/200 kW, zGM 14 t, Fahrzeugbreite 2,35 m, Baujahr 2023, in Dienst 2024, **Mercedes-Benz Kabinenmodul** für Besatzung 1/3, **Aufbau Magirus**: Magirus Heckpumpe FPN 20/10 (2000 l/min), 2000 l Wasser, 100 l Schaummittel, Lichtmast Teklite 4x35 W LED, 6 m Höhe, 4-tlg. Steckleiter

Ausrüstung rechts: Mehrzweckzug, Verkehrsleitkegel faltbar, Blitzleuchten, 3 Iconos-Düsenschläuche, 60 l Ölbindemittel, Feuerlöscher Pulver und CO_2, Zumischer, Kombischaumrohr, Schlauchmaterial B+C, Verteiler mit B-Schlauch, Hygieneboard.

Im Heck: Pumpenbedienstand, Schnellangriffshaspel mit Strahlrohr.

Ausrüstung links: Stromerzeuger 5 kVA, Akku-Beleuchtungssatz, Hochdrucklüfter, Kabeltrommeln, Notfallkoffer, Spineboard, Elektrowerkzeug, Werkzeugkoffer, Rundschlingen, mobiler Wasserwerfer, Tauchpumpe, Zumischer, 3x Schlauchtragekorb C, Schlauchmaterial B+C, Verteiler mit B-Schlauch, Rauchvorhang.

Generationswechsel (4), **Werkfeuerwehr Mercedes-Benz Türk A.S. Hosdere bei Istanbul/Türkei.** Hier stehen das neue RIV (Rapid Intervention Vehicle = Schnellangriffsfahrzeug) auf dem Mercedes-Benz Arocs 2032 K 4x2 und sein Vorgänger, das TroTLF auf Basis des 1821 AK 4x4 einträchtig nebeneinander; letzteres wurde Ende 2019 ausgemustert. Zusammen mit den anderen Fahrzeugen der Werkfeuerwehr präsentierten sich die beiden im Mai 2019 dem Autor dieses Buches. Weil die Werkfeuerwehr zwei etwa zehn Straßen-Kilometer (Luftlinie ca. 1 km) entfernt liegende Standorte betreut, war 2015 ein zweites HLF-Hubrettung auf dem Mercedes-Benz Axor 3340 6x4 beschafft worden (links außen).

Generationswechsel (5), **Werkfeuerwehr Daimler Buses Neu-Ulm.** Im Dezember 2023 wurden das HLF auf Mercedes-Benz Atego 1630 F und das VLF auf Mercedes-Benz Atego 1427 F beim Aufbauhersteller Magirus abgeholt. In der Vorweihnachtswoche wurden die beiden Fahrzeuge von ihren Vorgängern, dem Brändle-STLF aus dem Jahr 2003 auf Mercedes-Benz Atego 1828 L (links) und dem Magirus-LF 8/6 auf Iveco Magirus 75-14 A von 1992 (rechts) empfangen.

Löschgruppen-, Tank- und Sonderlöschfahrzeuge

Löschgruppenfahrzeuge (LF) und **Tanklöschfahrzeuge (TLF)** waren bis zur Indienststellung der Hilfeleistungslöschfahrzeuge (HLF) die Grundausstattung der Mercedes-Benz Werkfeuerwehren. Einzelne Fahrzeuge wurden zur Ergänzung der Hilfeleistungslöschfahrzeuge neu beschafft, z.B. bei der Werkfeuerwehr in Germersheim das LF 20/12 auf einem Mercedes-Benz Atego 1226 F oder bei der Werkfeuerwehr in Kassel das TLF 20/16-2 auf einem Mercedes-Benz Atego 1530 F. Ein besonderes Neufahrzeug dieses Kapitels ist das **Großtanklöschfahrzeug GTLF** 50/80-5 der Werkfeuerwehr in Gaggenau, das seit Anfang 2018 auf dem Fahrgestell des Mercedes-Benz Antos 2851 L 6x2/4 im Einsatz ist.
Löschfahrzeuge mit Sonderlöschmitteln (Pulver, CO_2) werden bei den Werkfeuerwehren unter den Bezeichnungen **Universallöschfahrzeug (ULF)**, **Sonderlöschfahrzeug (SLF)** oder **Industrielöschfahrzeug (ILF)** geführt und sind in Werken mit ausgedehnten Warmbereichen oder großen Lackieranlagen zu finden, z.B. in Mannheim oder Untertürkheim (Giesserei bzw. Schmiede), in Gaggenau (Härterei) oder in Wörth (Lackierung).
Neben Neufahrzeugen in Mannheim und Wörth ist ein Trend erkennbar: Sofern Wechselladerfahrzeuge vorhanden sind, werden Abrollbehälter Sonderlöschmittel beschafft, z.B. bei den Werkfeuerwehren in Sindelfingen, Rastatt, Gaggenau und Untertürkheim. Das führte im Sommer 2024 dazu, dass das weltweit einmalige Sonderlöschfahrzeug auf Basis eines Sattelzuges in Untertürkheim außer Dienst genommen wurde.

*Generationswechsel (6), **Werkfeuerwehr Mercedes-Benz Untertürkheim**: Nach der Indienststellung der beiden Wechselladerfahrzeuge auf Basis des Mercedes-Benz Antos 2545 L 6x2/4 und der beiden Abrollbehälter (AB) Schaum und Sonderlöschmittel wurde nach 20 Dienstjahren im Sommer 2024 das Sonderlöschfahrzeug (SLF) auf Basis des Mercedes-Benz Actros 1844 LS aus dem Jahr 2004 aus dem Einsatzdienst entlassen. Da es sich um ein Einzelstück handelt, bleibt zu hoffen, dass es der Nachwelt erhalten bleibt.*

Werkfeuerwehr Daimler Truck Mannheim — ULF

Deutschland / LKW-Motorenwerk, Bus-Montagewerk

Mercedes-Benz Atego 1217
170 PS/125 kW, zGM 11,99 t
Baujahr 1999, in Dienst:
1999-2006 Rastatt,
seit 2006 Mannheim

Aufbau Zeich+König:
- Rosenbauer Heckpumpe FP16/8
- 1000 l Schaummittel AFFF
- Total Pulveranlage mit 1000 kg
- BC-Pulver
- Pulvermonitor (30 kg/s)
- CO_2-Löschanlage 300 kg
- Schnellangriffe Pulver, Schaum, CO_2

Werkfeuerwehr Mercedes-Benz Untertürkheim — SLF

Deutschland / PKW-Aggregatewerk, Wache Untertürkheim

Mercedes-Benz Atego 1528 F
279 PS/205 kW, zGM 15 t
Baujahr/in Dienst 2004

Aufbau Rosenbauer:
- Rosenbauer Mittelpumpe S30 (3000 l/min bei 8 bar)
- 1200 l Wasser
- 200 l Schaummittel
- Schnellangriff Wasser/Schaum
- 2 Pulverlöscher fahrbar je 50 kg
- 8 Atemschutzgeräte
- 2 Tauchpumpen
- Dautel Heckladebordwand (1500 kg Traglast) zur Entladung der drei **Rollcontainer: Pulver** (250 kg BC-Pulver), **CO_2** (6x 30 l CO_2) und **Hochdrucklöschanlage** (Rosenbauer UHPS 100 l Wasser)

Werkfeuerwehr Daimler Truck Kassel — LF 10/6

Deutschland / LKW-Achsenwerk

Mercedes-Benz Atego 818 F
177 PS/130 kW, zGM 8,6 t
Baujahr 2003, in Dienst:
2004-2019 Sindelfingen,
seit 2020 Kassel
(mit altem Kennzeichen)

Aufbau Ziegler:
- Ziegler Heckpumpe FP 10/8
- 600 l Wasser, 40 l Schaummittel
- Schlauchmaterial
- Beleuchtungsmaterial
- Dachbeladung:
- 3-tlg. Schiebleiter, 4-tlg. Steckleiter

Werkfeuerwehr Mercedes-Benz Germersheim — LF 20/12

Deutschland / Global Logistics Center

Mercedes-Benz Atego 1226 F
256 PS/188 kW, zGM 12 t
Baujahr/in Dienst 2007

Aufbau Ziegler (Besatzung 1/3):
- Ziegler Heckpumpe FP 20/10
- 1200 l Wasser
- 80 l Schaummittel
- Stromerzeuger 13 kVA
- Lichtmast 2x 500 W
- Tempest-Hochdrucklüfter
- Höhensicherungsgerät
- Akku-Kombigerät Schere/Spreizer
- Micro CAFS-Anlage 50 l

Werkfeuerwehr Daimler Truck Gaggenau ULF

Deutschland / LKW-Aggregatewerk

Mercedes-Benz Atego 1428 AF 4x4, 279 PS/205 kW, zGM 15,5 t, Allradantrieb permanent, Fahrzeugbreite 2,3 m, Baujahr/in Dienst 2007, **Aufbau Rosenbauer** für Besatzung 1/2 mit separater Truppmannkabine, Einbaugenerator 7 kVA, 2000 l Wasser, 400 l Schaummittel, 200 kg CO_2, Pulver: 250 kg D, 500 kg B/C, **Dachbeladung**: Rosenbauer Dachwerfer RM 24 (Leistung 2400 l/min), Lichtmast 4x 35 Watt Xenon. **Ausrüstung heckseitig**: Rosenbauer Heckpumpe NH40 (Leistung 4000 l/min), Schnellangriff Strom, Einmannhaspel mit 8x B-Schlauch.

Ausrüstung rechts: Blick auf die Truppmannkabine, Schnellangriff Wasser/Schaum, Schaumrohr, Verteiler mit B-Schlauch, Feuerlöscher, Warnleuchten, Verkehrsleitkegel, Kabeltrommeln.

Ausrüstung links: Schnellangriffe Pulver und CO_2, Fix-Mix-Schaumlöschanlage, 2 Wasserwerfer, 4 Atemschutzgeräte mit Ersatzflaschen, Gasmessgerät, Schlauchmaterial, 4 Schlauchtragekörbe, Verteiler mit B-Schlauch.

Werkfeuerwehr Daimler Truck Kassel

TLF 20/16-2

Deutschland / LKW-Achsenwerk

Mercedes-Benz Atego 1530 F, 299 PS/220 kW, zGM 14,5 t, Baujahr 2016, in Dienst 2017, **Aufbau Rosenbauer CL,** Rosenbauer Heckpumpe N25 (2000 l/min), 1600 l Wasser, LED-Umfeldbeleuchtung. Zugfahrzeug für Rosenbauer Großlüfter Fanergy XL 63.

Ausrüstung rechts: 50 m Schnellangriff mit Strahlrohr, Verteiler B-2C mit B-Schlauch, Conti CAFS-Anlage, Gloria Pulverlöschanlage mit 250 kg BC-Pulver und 30 m Schnellangriff, 4 PA mit Ersatzflaschen, Fluchthauben, 2x Hitzeschutzkleidung, Blitzleuchten, Verkehrsleitkegel. **Dachbeladung**: Monitor 1500 l/min, vom Fahrerplatz bedienbar, Lichtmast 4x 50 W LED, 6 m Höhe, 4-tlg Steckleiter.

Ausrüstung links: mobiler Wasserwerfer, motorbetriebener Hochleistungslüfter, 7x B-/3x C-Schlauch-längen, 3x C-Schlauchtragekorb, Verteiler B/2C mit B-Schlauch, 200 l Schaummitteltank, 3 Kanister je 20 l Schaummittel, Schaumrohr, Hohlstrahlrohre mit Schaumaufsatz, Schaumzumischung Rosenbauer Digimatic 1-6%, Ölbindemittel. **Im Heck**: Pumpenbedienstand, 30 m Schnellangriff mit Strahlrohr.

Werkfeuerwehr Daimler Truck Mannheim — SLF

Deutschland / LKW-Motorenwerk, Bus-Montagewerk

Mercedes-Benz Actros 2544 L 6x2/4, 435 PS/320 kW, zGM 28 t, Einsatzmasse 22t, Baujahr/in Dienst 2016, Luftfederung an Antriebs- und gelenkter Nachlaufachse, **Aufbau Empl**, Besatzung 1/5, PA für alle Sitzplätze (außer Fahrer), Empl Heckpumpe NP4000 (4000 l/min), 3000 l Wasser, 1000 l Schaummittel, Frontsprühbalken für Pump-and-Roll-Betrieb, Alco Dachmonitor 2000-4000 l/min, Lichtmast 6x 50 W LED, 6,5 m Höhe, Rotzler-Seilwinde 80 kN Zugkraft, Einmannhaspel am Heck, **Dachbeladung**: 4 CSA, absenkbare Leiteraufnahme (Multifunktionsleiter, 4-tlg. Steckleiter, Gefahrgutschläuche)

Ausrüstung rechts: Eisemann Stromerzeuger 14 kVA, 3 Schnellangriffe: Wasser 50 m, Strom 50 m, Druckluft 10 m, Wetterschutzmarkise zum Anlegen der CSA, Beleuchtungssatz, Powermoon LED, Hochdrucklüfter, 3 Gully-Eier.

Ausrüstung links: CO_2-Löschanlage (480 kg CO_2), nach Entleerung Wechsel incl. Traggestell, Schnellangriff CO_2 80 m mit Schneerohr, Be-/Entlüftungsgerät, Dekondusche, Auffangbehälter, Gefahrgut- und Fasspumpe, Rohr-/Mini-/Leckdichtkissen.

Werkfeuerwehr Daimler Truck Gaggenau — GTLF 50/80-5

Deutschland / LKW-Aggregatewerk

Mercedes-Benz Antos 2851 L 6x2/4, 510 PS/375 kW, zGM 26 t (technisch 28 t), Luftfederung an Antriebs- und gelenkter Nachlaufachse, Baujahr 2017, in Dienst 2018, **Aufbau Wiss** für Besatzung 1/3: Ruberg Heckpumpe N50 (5000 l/min), Dachmonitor 1000-3800 l/min, 8000 l Wasser, 500 l Schaummittel, Einbaugenerator 30 kVA, Lichtmast 6x 35 W LED (6 m Höhe), elektrische Frontseilwinde (50 kN Zugkraft).

Ausrüstung rechts: Schnellangriffe Strom 50 m, Wasser/Schaum 70 m, Druckluft 50 m, 2 offene Faltbehälter je 5000 l, Elektrolüfter Fanergy mit Wassernebeleinsatz, Schaumnetz für Lüfter, Schwer- und Mittelschaumrohr, Leichtschaum-Drucklutten, Beleuchtungssystem Akku RLS 1000, 3 Schlauchtragekörbe C, Rauchschutzvorhang.

Ausrüstung links: Schnellangriffe Strom 50 m, Wasser/Schaum 70 m, Druckluft 50 m, mobiler Wasserwerfer (2000 l/min), 2 Atemschutzgeräte mit Ersatzflaschen, Auffangwannen, Schlauchmaterial (3x A, 24x B), Verteiler (A-4B, 2B/C-B-C), Schwimmsaugkorb, Übergangsstücke (A-B, C-B, C-D).

Mercedes-Benz Türk A.Ş.
İTFAİYE

Werkfeuerwehr Mercedes-Benz Türk Hosdere

RIV
(Rapid Intervention Vehicle)

Türkei / Bus-Montagewerk

Mercedes-Benz Arocs 2032 K, 320 PS/235 kW, zGM 20,5 t, Baujahr/in Dienst 2019. **Aufbau Zimag**: Rosenbauer Pumpe NH35 (3500 l/min bei 10 bar, 400 l/min bei 40 bar), 2500 l Wasser, 900 l Schaummittel, Bodensprühbalken vor der Vorderachse, Frontseilwinde Zugkraft 50 kN, Frontanbauplatte für Schneeräumschild.
Dachbeladung: Monitor 1500 l/min mit Fernbedienung, Lichtmast 4x50 W LED, 6 m Lichtpunkthöhe.
Heckseitig: Pumpenbedienstand, Verteiler B-3C, Leiterentnahmehilfe für Mehrzweckleiter.

Ausrüstung rechts: 50 m Schnellangriff mit Strahlrohr, Leicht- und Schwerschaumrohr, 2 PA, Ersatzflaschen, je 1 Kettensäge Stihl (Motor- bzw. Elektroantrieb), Stihl Trennschleifer mit Verbrennungsmotor, Bosch Bohrhammer, Schlauchmaterial B+C

Ausrüstung links: 50 m Schnellangriff mit Strahlrohr, Holmatro Hydraulikaggregat mit Schere und Spreizer, Honda Stromerzeuger HK12000 (12 kVA), Schlauchmaterial B+C, Schutzkleidung

Betriebsfeuerwehr Accumotive* Kamenz — MLF

Deutschland / Batterie-Produktionswerk

Mercedes-Benz Atego 918 F, Motor 177 PS/130 kW, zGM 9,5 t, Baujahr/in Dienst 2020, **Aufbau Ziegler mit Mercedes-Benz Kabinenmodul** für Staffelbesatzung 1/5, 1000 l Wasser. **Dachbeladung:** Lichtmast Fireco 6x 30 W LED, 6 m Lichtpunkthöhe, 4-tlg. Schiebleiter. **In der Kabine**: Wärmebildkamera, Messgeräte O2 und HF (Flusssäure), Notfallrucksack mit AED für First-Responder-Einsätze. **Im Fahrzeugheck**: Ziegler FPN 10-1000, Milwaukee Akku-Trennschleifer und -Säbelsäge. **Zugfahrzeug für FwA-Lüfter:** Leader Hochdrucklüfter, 220.000 m³/h Luftförderleistung, Wasservernebelung möglich mit max. 200 l/min.

Ausrüstung rechts: Eisemann Stromerzeuger 9 kVA, Tauchpumpe, Kabeltrommel, Beleuchtungssatz, 60 l Schaummittel, Ölbindemittel, Hygienestation, C-Schlauchpaket als Schnellangriff, B-Schlauch mit Verteiler, 4x B-Schlauch, Mittelschaumrohr, Hohlstrahlrohre B+C, Blitzleuchten, Verkehrsleitkegel

Ausrüstung links: 4 PA, Reserveflaschen, Schlauchbrücken, 5x B-Schlauch, Kübelspritze, Feuerlöscher, Angriffstrupp-Tasche mit Kleinwerkzeug und Löschdecke, Chemikalienbindevlies, Absturzsicherung, 3x C-Schlauchtragekorb, Halligan-Tool, Tempest-Lüfter mit Lutten, Auffangwannen, Krankentrage

* = Die Accumotive GmbH ist eine 100%ige Tochtergesellschaft der Mercedes-Benz AG. Für die Betriebsfeuerwehr stellt der Brandschutzdienstleister Dresdener Wach- und Sicherungsinstitut GmbH Fahrzeug und Personal.

Werkfeuerwehr Mercedes-Benz Türk Aksaray — TLF 5000

Türkei / LKW-Montagewerk

Mercedes-Benz Actros 1832, 320 PS/235 kW, zGM 18 t, Baujahr/in Dienst 2023, **Aufbau BAIS**, Rosenbauer Heckpumpe NH35 (3500 l/min, 10 bar), 5000 l Wasser, 500 l Schaummittel A3F, Schnellangriffshaspel mit 50 m Schlauchlänge und Hohlstrahlrohr, Umfeldbeleuchtung, **Dachbeladung**: Lichtmast 4x35 W Xenon, pneumatisch auf 6 m Lichtpunkthöhe ausfahrbar, Dachwerfer mit 3000 l/min, per Joystick aus dem Fahrerhaus oder per Fernbedienung bis 150 m Reichweite bedienbar.

Ausrüstung:
- Holmatro Schere Spreizer und Rettungszylinder mit Akku-Antrieb
- Druckluftkompressor Bauer
- Druckluft-Hebekissensatz
- Löschlanzen für Lithium-Ionen-Batterien, Strahlrohre, Leicht- und Schwerschaumrohr, Schlauchmaterial
- 2 Aluminium-Hitzeschutzanzüge bis max 1700 °C Temperatur
- 5 Atemschutzgeräte, Schleifkorbtrage
- Gasmessgerät, Wärmebildkamera
- Abschleppstange, Brech- und Handwerkzeug

Werkfeuerwehr Daimler Truck Wörth

ILF

Deutschland / LKW-Montagewerk

Mercedes-Benz Econic 2635 LL 6x2/4, Motor 354 PS/260 kW, zGM 26 t, Vollluftfederung, Nachlauflenkachse, Baujahr Fahrgestell 2021, Aufbau/in Dienst 2022, **Aufbau Empl**, Truppbesatzung, Einbaugenerator 20 kVA, 2500 l Wasser, 640 l Schaummittel, Mitteneinbaupumpe Jöhstadt FP40 (4000 l/min), Alco Frontwerfer (500-1000 l/min, Pump-and-Roll-Betrieb) mit Wärmebildkamera, Alco Dachwerfer (2000 l/min), Lichtmast Fireco 4x 40 W LED, 6 m Lichtpunkthöhe, Heckladebordwand 1500 kg zum Entladen der max. 9 Rollcontainer (RC).

Rechte Seite: Bedienstand Pumpe/Generator, 3x Schnellangriff (Wasser, Strom, Druckluft), Schlauchtragekörbe (2xC, 2xB). Im Heck 9 Rollcontainer: 1x Schaummittel 640 l, 2x Löschgerät K120, 1x Pulver ABC 50kg, 1x Pulver D 50kg, 1x 4 CSA, 1x Elro-Gefahrgutpumpe, 1x Überdrucklüfter SuperVac V18

Linke Seite: 2 PA, 2 Multifunktionsleitern, 3x Schnellangriff (Wasser, Strom, Druckluft), Schlauchtragekörbe (2xC, 2xB), tragbarer Wasserwerfer mit Schaumaufsatz, 2x Weber Rescue Light LED, Stativ, Überdrucklüfter SuperVac V18, Faltbehälter Otter 160 l, Öl-/Chemikalienbindevlies, 2 Gullydichtkissen

Generationswechsel (7), **Werkfeuerwehr Mercedes-Benz Germersheim**. *Der Teleskopmast TM 45 auf dem Mercedes-Benz Actros 2546 L 6x2/4 übernahm im Mai 2024 den Staffelstab von der Teleskopleiter mit Korb TLK 23/12 auf dem Mercedes-Benz Actros 1832 LL von 2004.*

Generationswechsel (8), **Werkfeuerwehr Daimler Truck Wörth**. *Zum Abschied aus dem Einsatzdienst wurde im Sommer 2022 das Hilfeleistungslöschfahrzeug (HLF) auf dem Mercedes-Benz Actros 1835 L mit Ziegler-Aufbau von seinen Nachfolgern eingerahmt. Dies sind rechts das HLF auf dem Mercedes-Benz Antos 1946 LL und links das Industrielöschfahrzeug (ILF) auf dem Mercedes-Benz Econic 2635 LL 6x2/4. Beide Neufahrzeuge tragen einen Aufbau der Fa. Empl. Das Zwillingsfahrzeug des alten HLF musste schon im Jahr 2021 nach einem wirtschaftlichen Totalschaden der Feuerlöschkreiselpumpe ausgesondert werden und ist deshalb nicht mehr auf diesem Foto vertreten.*

Hilfeleistungslöschfahrzeuge

Hilfeleistungslöschfahrzeuge (HLF) bilden seit 1998 das Rückgrat der Mercedes-Benz Werkfeuerwehren und haben je nach Standort eine Besatzung von 1/3 bis 1/5 (Staffel).

Die Anforderung, die Größe der Fuhrparks klein zu halten, spiegelt sich in vier HLF-Hubrettung wider, einer Kombination aus HLF und Teleskopmast. In der Türkei gibt es drei Fahrzeuge, eins im LKW-Montagewerk Aksaray auf dem Mercedes-Benz Atego und zwei Exemplare im Bus-Montagewerk Hosdere auf dem Mercedes-Benz Axor, die beide als Dreiachser ausgeführt wurden. Das neuere HLF-Hubrettung der Werkfeuerwehr in Hosdere basiert auf dem für Feuerwehrfahrzeuge selten verwendeten Fahrgestell des »großen« Axor 3340 K 6x4 und wurde 2015 in den Einsatzdienst übernommen. Das vierte HLF-Hubrettung ist seit 2006 bei der Werkfeuerwehr in Ludwigsfelde stationiert und basiert auf einem Mercedes-Benz Econic mit Magirus »Multistar«-Aufbau.

Aufgrund der guten Erfahrungen mit dem HLF-Hubrettung wurde im Jahr 2016 als Ersatz für ein 20 Jahre altes TLF 16/25 das neue HLF der Werkfeuerwehr in Ludwigsfelde ebenfalls auf dem Mercedes-Benz Econic aufgebaut. Dieses Fahrzeug war in Euro6-Ausführung der erste Vertreter seiner Art bei den Mercedes-Benz Werkfeuerwehren.

Waren bis 2009 alle Werkfeuerwehren in Deutschland mit der ersten HLF-Generation ausgestattet worden, wurden 2016 nach 18-jährigem Einsatzdienst zuerst in Sindelfingen und Untertürkheim die HLF auf Basis des Mercedes-Benz Actros 1835 aus dem Jahr 1998 abgelöst. Die Folgegeneration mit Rosenbauer AT3-Aufbau besteht je Werkfeuerwehr aus drei weitgehend baugleichen Fahrzeugen auf dem Mercedes-Benz Antos 1843 LL. Weil statt wie bisher zwei, nun drei HLF in Dienst stehen, konnten in Sindelfingen neben den beiden Ziegler-HLF von 1998 zusätzlich die beiden LF 16/12 (Atego 1325 AF 4x4) und LF 10/6 (Atego 818 F, jetzt im Werk Kassel im Einsatz) außer Dienst gestellt werden.

Die Werkfeuerwehren in Rastatt, Germersheim und Wörth haben 2020 ihre bis zu 20 Jahre alten Fahrzeuge der ersten HLF-Generation abgelöst. Die neuen HLF wurden mit Aufbauten der Firma Empl versehen und basieren auf dem Mercedes-Benz Antos 1843 LL, in Wörth auf einem Mercedes-Benz Antos 1946 LL. Schließlich erfolgte 2020/2021 auch bei der Werkfeuerwehr in Bremen der Generationswechsel. Hier wurden die beiden HLF auf Mercedes-Benz Atego 1328 F durch Mercedes-Benz Atego 1530 F ersetzt.

Auch bei den HLF gibt es Besonderheiten: Das Fahrzeug für die neu aufgestellte Werkfeuerwehr im PKW-Prüf- und Technologiezentrum Immendingen wurde wegen der notwendigen Geländefähigkeit und topographisch bedingten Wintertauglichkeit auf einem Allradfahrgestell des Mercedes-Benz Atego 1630 AF 4x4 aufgebaut. Dies gilt auch für das HLF im neuen PKW-Aggregatewerk in Jawor/Polen, das ebenfalls auf einem Allrad-Fahrgestell des Mercedes-Benz Atego 1630 AF 4x4 entstanden ist.

Generationswechsel (9), ***Werkfeuerwehr Mercedes-Benz Germersheim.*** *Zur Indienststellung des neuen Hilfeleistungslöschfahrzeugs mit Empl-Aufbau auf dem Mercedes-Benz Antos 1843 LL entstand im Herbst 2020 dieses Foto, das das neue HLF mit seinem Vorgänger auf dem Mercedes-Benz Actros 1835 L mit Ziegler-Aufbau zeigt.*

Betriebsfeuerwehr Mercedes-Benz Berlin — HLF 8/6

Deutschland / PKW-Aggregatewerk

Mercedes-Benz Atego 1325 F
245 PS/180 kW, zGM 13,5 t
Baujahr/in Dienst 2000

Aufbau Ziegler

- Ziegler Heckpumpe FP 8/8
- 600 l Wasser, 40 l Schaummittel
- Dynawatt-Anlage 4,5 kVA
- Lichtmast 2x 1500 W
- Stromerzeuger 13,5 kVA
- Lüftungsgerät
- Brennschneidgerät
- ELRO-Gefahrgutpumpe
- Öl-Wasser-Sauger
- Hydraulikaggregat mit Schere und Spreizer
- Land-Wasser-Sperre ÖcoTec 150 m
- Chemikalienauffangbecken 1500 l
- 4 Chemieschutzanzüge

Betriebsfeuerwehr Mercedes-Benz Berlin — HTLF 16/25

Deutschland / PKW-Aggregatewerk

Mercedes-Benz Atego 1528 F
279 PS/205 kW, zGM 15 t
Baujahr/in Dienst 2004

Aufbau Ziegler

- Ziegler Heckpumpe FP16/8
- 2400 l Wasser
- 160 l Schaummittel
- Dachmonitor 1600-2700 l/min
- Dynawatt-Anlage 4,5 kVA
- Lichtmast 2x 1500 W mit Kamera
- Stromerzeuger Eisemann 13 kVA
- Tempest Drucklüfter
- Weber Akku-Rettungsgerät
- umfangreiche TH-Beladung

Werkfeuerwehr Daimler Truck Mannheim — HLF

Deutschland / LKW-Motorenwerk, Bus-Montagewerk

Mercedes-Benz Atego 1628 F
279 PS/205 kW, zGM 16 t
Baujahr/in Dienst 2006

Aufbau Schlingmann

- Schlingmann Heckpumpe S2000-10
- 2200 l Wasser
- 300 l Schaummittel
- Alco Frontmonitor 1200 l/min
- Rotzler Seilwinde 50 kN
- Stromerzeuger 13 kVA
- Lichtmast 2x1500 W
- Heck-Haspel wahlweise mit: 100 kg Pulver, 50 kg CO_2 oder B-Schlauch

Werkfeuerwehr Daimler Truck Kassel — HLF 20/25

Deutschland / LKW-Achsenwerk

Mercedes-Benz Atego 1326 AF 4x4
256 PS/188 kW, zGM 14,5 t
Allradantrieb permanent
Baujahr/in Dienst 2008

Aufbau Rosenbauer

- Rosenbauer Heckpumpe N20
- 2500 l Wasser, 40 l Schaummittel
- Dachmonitor 1200 l/min manuell
- Stromerzeuger 13 kVA
- Lichtmast 4x 500 W
- Plasmaschneidgerät
- Lukas Hydraulikaggregat mit Schere und Spreizer

Werkfeuerwehr Mercedes-Benz Hamburg — SLF

Deutschland / PKW-Aggregatewerk

Mercedes-Benz Atego 1425 F
245 PS/180 kW, zGM 14 t
Baujahr/in Dienst 2005

Aufbau Schlingmann
- Schlingmann Heckpumpe S2000-10
- 1200 l Wasser
- 40 l Schaummittel
- Schnellangriff 50 m
- Stromerzeuger Endress 13 kVA
- Lichtmast 2x 1000 W
- Auer Be-/Entlüftungsgerät
- Mast-Pumpe
- ELRO-Gefahrgutpumpe
- Nasssauger
- Brennschneidgerät

Werkfeuerwehr Mercedes-Benz Hamburg — HLF 20/16

Deutschland / PKW-Aggregatewerk

Mercedes-Benz Atego 1629 F
286 PS/210 kW, zGM 16 t
Baujahr/in Dienst 2009

Aufbau Schlingmann
- Schlingmann Heckpumpe S2000-10
- 2400 l Wasser
- 150 l Schaummittel
- Stromerzeuger Endress 13 kVA
- Lichtmast 2x 1000 W
- Rotzler 50 kN Seilwinde »Fire«
- Hochleistungslüfter Leader
- Rettungssatz Holmatro
- Vetter Hebekissensatz 10-40

Werkfeuerwehr Daimler Truck Gaggenau HLF 30/20-4

Deutschland / LKW-Aggregatewerk

Mercedes-Benz Actros 1836 L, 360 PS/265 kW, zGM 18 t, Baujahr/in Dienst 2008, **Aufbau** Rosenbauer für Besatzung 1/5, 4 PA im Mannschaftsraum, Rosenbauer Heckpumpe NH30 (Nennleistung 3000 l/min bei 10 bar bzw. 200 l/min bei 40 bar), 2000 l Wasser, 400 l Schaummittel, Einbau-Generator 30 kVA, **Dachbeladung**: Lichtmast 2x 1500 W (6 m Höhe), Falttank 3000 l, **heckseitig**: 2 Einmann-Schlauchhaspeln je 5x B

Rechte Seite: hydraulisches Rettungsgerät (Schere, Spreizer, Rettungszylinder), Werkzeugkoffer, Bodenplatten- und Saugheber, Schnellangriff Strom, Hilti Elektrowerkzeuge (Bohrhammer, Winkelschleifer, Akkuschrauber, Schlagschrauber, Säbelsäge, Bohrmaschine), Schlauchmaterial, Schaumrohr, Feuerlöscher, Warnleuchten, Verkehrsleitkegel, Wasserwerfer

Linke Seite: Elro Gefahrgutpumpe, Tauchpumpe, Druckluftmembranpumpe, Rohr- und Gullydichtkissen, Hebekissen, Motor- und Rettungssäge, 2 Hochdrucklüfter (1x Elektro-, 1x Motorantrieb), 2 Chemieschutzanzüge, Leckdichtlanzen, Wassersauger, Schnellangriff Wasser/Schaum (60 m) und Druckluft (8 bar), Feuerlöscher Pulver und CO_2

Werkfeuerwehr Mercedes-Benz Düsseldorf HLF 24/20-3

Deutschland / Transporter-Montagewerk

Mercedes-Benz Econic 1828 LL, 279 PS/205 kW, zGM 18 t, Vollluftfederung, Baujahr/in Dienst 2005, **Aufbau Ziegler**, Besatzung 1/5, 2000 l Wasser, 300 l Schaummittel, Füllstandanzeigen Wasser (grün), Schaummittel (gelb), **Dachbeladung**: Lichtmast 2x 1000 W mit Kamera, Monitor 1600 l/min, 4-tlg. Steckleiter

Rechte Seite: Schnellangriff Wasser/ Schaum, Weber Hydrauliksatz mit Schere, Spreizer und Rettungszylindern, 2 hydraulische Winden, Pedalschneider, Hebekissen, Druckluft-Schnellangriff, Motorkettensäge, Motor-Trennschleifer, 2x Pulverlöscher 6 kg ABC, Schaumrohr, Turbozumischer, Schlauchtragekörbe: 1xB, 3xC

Linke Seite: Tempest Hochleistungslüfter, Eisemann Stromerzeuger 13 kVA, Kabeltrommeln, Beleuchtungssatz, Tauchpumpe, Turbopumpe, Standrohr, Verteiler, 4 Atemschutzgeräte, **im/am Fahrzeugheck**: Bedienstand für Ziegler Heckpumpe FP 24/8 (Leistung 2400 l/min bei 8 bar), 2 Einmannhaspeln je 4x B-Schlauch

Werkfeuerwehr Mercedes-Benz Düsseldorf HLF 24/20-3

Deutschland / Transporter-Montagewerk

Mercedes-Benz Econic 1828 LL, 279 PS/205 kW, zGM 18 t, Vollluftfederung, Baujahr/in Dienst 2006, **Aufbau Ziegler**, Besatzung 1/1, 2000 l Wasser, 300 l Schaummittel, Füllstandanzeigen Wasser (grün), Schaummittel (gelb), **Dachbeladung**: Lichtmast 2x 1000 W mit Kamera, Monitor 1600 l/min, Faltbehalter 3000 l

Rechte Seite: Schnellangriff Wasser/ Schaum, Vetter Leckdichtkissen, 2x Gully-Ei, Rohrdichtmanschette, Ölbindemittel, Öl-Wasser-Sauger, ELRO-Gefahrgutpumpe GP20/10, ELRO-Transportfass Edelstahl, Fasspumpe Flux F460Ex, 2x Pulverlöscher 6 kg ABC, Schaumrohr, Turbozumischer, Schlauchtragekörbe: 1xB, 3xC

Linke Seite: Tempest Hochleistungslüfter, Eisemann Stromerzeuger 13 kVA, Kabeltrommeln, Beleuchtungssatz, Tauchpumpe, Turbopumpe, Standrohr, Verteiler, 4 Atemschutzgeräte, **im/am Fahrzeugheck**: Bedienstand für Ziegler Heckpumpe FP 24/8 (Leistung 2400 l/min bei 8 bar), 2 Einmannhaspeln je 4x B-Schlauch

Werkfeuerwehr Mercedes-Benz Ludwigsfelde HLF-Hubrettung

Deutschland / Transporter-Montagewerk

Mercedes-Benz Econic 1828 LL, 279 PS/205 kW, zGM 18 t, Vollluftfederung, Baujahr/in Dienst 2006, **Aufbau Magirus Multistar**, Besatzung 1/2, 2000 l Wasser, 200 l Schaummittel, Teleskopmast Rettungshöhe 30 m, Rettungskorb für 270 kg/3 Personen, Korbmonitor 1600 l/min, mit dem Teleskoparm können Lasten bis 1400 kg gehoben werden. **Im Fahrzeugheck**: Magirus Heckpumpe FPN 10-2000 (Leistung 2000 l/min).

Rechte Seite: Schnellangriff Wasser / Schaum, Kombischaumrohr, Schaumzumischer, 4 Schlauchtragekörbe C, 2 Atemschutzgeräte, Schmutzwasserpumpe, Belüftungsgerät, Ölbindemittel, Rettungsrucksack, Geräteset Absturzsicherung

Linke Seite: Endress Generator 13 kVA, Schnellangriff Strom, Beleuchtungssatz, Kabeltrommeln, Weber Hydraulikgerät (Schere, Spreizer, Rettungszylinder), Motorsäge, Rettungssäge, Hitzeschutzkleidung, Einsatzkoffer Glasmanagement (silber), Handwerkzeug (blau), Elektromaschinen (gelb), Türöffner (rot), Leitkegel

Werkfeuerwehr Mercedes-Benz Ludwigsfelde HLF

Deutschland / Transporter-Montagewerk

Mercedes-Benz Econic 1830 LL, 299 PS/220 kW, zGM 18 t, Vollluftfederung, Baujahr/in Dienst 2016, **Aufbau Ziegler** (Z-Cab, Besatzung 1/6), Ziegler Pumpe FPN 10-2000, 2000 l Wasser, 200 l Schaummittel, Dachmonitor 3000 l/min, Lichtmast 6x 35 W, mechanisch absenkbare Leiteraufnahme (4-tlg. Steckleiter, Multifunktionsleiter); **in der Kabine**: 4 Pressluftatmer, **am Fahrzeugheck** Schlauchhaspel mit 3 B-Schlauchlängen

Rechte Seite: Hochleistungslüfter, Tauchpumpe, Hebekissen, Spineboard, Büffelheber, FogNail-Satz, tragbarer Monitor, Schaumrohre, Armaturen, Verteiler, Strahlrohre, Feuerlöscher (Wasser, Schaum, Pulver), 6x B-Schlauch, 3x B-Schlauchtragekorb, Verteiler mit B-Schlauch, 30 m D-Schlauchpaket mit Strahlrohr

Linke Seite: Stromerzeuger Eisemann 13 kVA, Streamlight Lichtmast mobil 500 W, Kabeltrommeln, Blitzleuchten, Leitkegel, Werkzeugsatz Verkehrsunfall, Weber Hydrauliksatz Schere/ Spreizer/Rettungszylinder, Stab-Lock-System, 2 CSA, Motorsäge, Motor-Trennschleifer, Säbelsäge, 8x B-Schlauch, Rauchschutzvorhang

Werkfeuerwehr Mercedes-Benz Türk Hosdere HLF-Hubrettung

Türkei / Bus-Montagewerk

Mercedes-Benz Axor 3029 K 6x4, 286 PS/210 kW, zGM 30 t, Baujahr/in Dienst 2010, Überarbeitung 2017, **Aufbau Zimag/Umbau Beltas,** Ziegler Pumpe FPN 10-3000, 4000 l Wasser, 400 l Schaummittel, Teleskopleiter Rettungshöhe 24 m, Rettungskorb für 250 kg/3 Personen, Dachmonitor 1200 l/min, Teleskop-Steigleitung zum Korb 600 l/min, Schnellangriff Wasser/Schaum mit 40 m Druckschlauch und Pistolenstrahlrohr, Einbaugenerator 5 kVA, Lichtmast 4x 250 W, Hochdrucklüfter, 2 Atemschutzgeräte, Hitzeschutzkleidung

Mercedes-Benz Türk A.Ş.
İTFAİYE

Werkfeuerwehr Mercedes-Benz Türk Hosdere HLF-Hubrettung

Türkei / Bus-Montagewerk

Mercedes-Benz Axor 3340 K 6x4, 401 PS/295 kW, zGM 33 t, Baujahr/in Dienst 2015
Mercedes-Benz Mannschaftskabinenmodul für Besatzung **1/5**, in der Kabine sind 4 Atemschutzgeräte während der Fahrt anlegbar

Aufbau Volkan

- Teleskopleiter Rettungshöhe 28 m Rettungskorb für 250 kg/3 Personen
- Teleskopleitung zum Korbmonitor mit 2000 l/min Aufbaumonitor mit 3000 l/min
- Volkan Pumpe FPN 10 3100/40-400 (3100 l/min bei 10 bar bzw 400 l/min bei 40 bar) im Fahrzeugheck
- 3000 l Wasser, 300 l Schaummittel
- Talor Frontseilwinde Zugkraft 40 kN

Ausrüstung:

- Hochleistungslüfter
- Leicht-und Schwerschaumrohre
- Schnellangriff mit 50 m Länge
- 90 l Schaummittel in Kanistern
- Honda Stromerzeuger 12 kVA
- Scheinwerferbrücke 2x 1000 W

Am/im Fahrzeugheck:

- Lichtmast 4x 250 W
- Bedienstand für Pumpe

Werkfeuerwehr Mercedes-Benz Untertürkheim

HLF 40 (Wache Untertürkheim)
HLF 40 (Wache Mettingen)
HLF 40 CAFS (Wache Mettingen)

Deutschland/PKW-Aggregatewerk

Mercedes-Benz Antos 1843 LL, 428 PS/315 kW, zGM 18 t, Vollluftfederung, Baujahr/in Dienst 2016, **Aufbau Rosenbauer**, Rosenbauer Pumpe N45, Wasser 2.500 l, Schaummittel 200 l, Schaumzumischung DIGIMATIC, Rosenbauer Dachwerfer RM24M, Lichtmast Flexilight LED, Rosenbauer Stromerzeuger RS14, Leiterabsenkvorrichtung (3-tlg. Schieb-, 4-tlg. Steckleiter), Hochdrucklüfter Leader, Weber Pumpenaggregat (Spreizer, Schere, Pedalschneider, Rettungszylinder), Stihl Motorsäge, Vetter Hebekissensatz, mobiler Wasserwerfer 1600 l/min

Die drei HLF unterscheiden sich in Beladungsdetails (siehe Seite 64):

- Das HLF 40 im Werkteil Untertürkheim hat eine Rotzler Seilwinde mit 50 kN Zugkraft
- Das HLF 40 CAFS hat statt des Stromerzeugers RS14 eine Conti & Flash CAFS-Anlage 800-1600 und einen Rosenbauer Stromerzeuger »Mini EPS«

Die HLF-Drillinge der ***Werkfeuerwehr Mercedes-Benz Untertürkheim*** *auf Basis des Mercedes-Benz Antos 1843 LL.*

Werkfeuerwehr Mercedes-Benz Sindelfingen

HLF Brandbekämpfung
HLF Hilfeleistung
HLF Umweltschutz

Deutschland / PKW-Montagewerk

Mercedes-Benz Antos 1843 LL, 428 PS/315 kW, zGM 18 t, Vollluftfederung, Baujahr/in Dienst 2016, **Aufbau Rosenbauer**, Rosenbauer Pumpe N45, Wasser 2.500 l, Schaummittel 200 l, Schaumzumischung DIGIMATIC, Rosenbauer Dachwerfer RM24M, Lichtmast Flexilight LED, Rosenbauer Stromerzeuger RS14, Leiterabsenk-vorrichtung (3-tlg. Schieb-, 4-tlg. Steckleiter), Hochdrucküfter BIG

Die drei HLF unterscheiden sich in Beladungsdetails (siehe Seite 64):

HLF Brandbekämpfung:	mobiler Wasserwerfer 1600 l/min, Hitzeschutzausrüstung
HLF Umweltschutz:	Wassersauger, Auffangbehälter 50 l, Leck-/Rohrdichtkissen, Vollschutzanzüge
HLF Hilfeleistung:	Weber Pumpenaggregat mit Spreizer, Schere, Pedalschneider und Rettungszylindern, Stihl Motorsäge, Vetter Hebekissen

*Die HLF-Drillinge der **Werkfeuerwehr Mercedes-Benz Sindelfingen** auf Basis des Mercedes-Benz Antos 1843 LL.*

Nachstehend werden die Beladungsdetails der HLF-Sechslinge anhand zweier Exemplare im Detail vorgestellt. Die wesentlichen Abweichungen der einzelnen Fahrzeuge sind auf den beiden vorangegangenen Seiten schon erläutert worden.

Werkfeuerwehr Untertürkheim HLF40

Werkfeuerwehr Sindelfingen HLF

Ausrüstung rechte Seite: Feuerlöscher (2x Metallbrandpulver 12 kg, 1x Schaum 5 kg, 1x CO_2 5 kg), 1x Kübelspritze mit 5 l Schaummittel im Kanister, Schlauchpaket mit 2x C-Schlauchlängen und Strahlrohr als Schnellangriff, 5 Schlauchtragekörbe je 2 B-Schlauchlängen, Schlauchschublade mit 3x B-Schlauchlängen als Haspelersatz, 1x 5m B-Schlauch mit Verteiler, Strahlrohre, mobiler Wasserwerfer 1600 l/min mit Bodengestell und Schaumaufsatz (Sindelfingen: nur HLF Brandbekämpfung), 4 Blitzleuchten, 8 Verkehrsleitkegel faltbar, LED-Flutlichtstrahler mit Scheinwerferbrücke und Dreibeinstativ, Hochleistungslüfter Leader (Untertürkheim) bzw. BIG (Sindelfingen), Vetter Hebekissensatz (Untertürkheim, Sindelfingen nur HLF-Hilfeleistung)

Ausrüstung linke Seite: Schnellangriff Strom, 2x Hitzeschutzausrüstung, 2x Tesimax Vollschutzanzug (Sindelfingen: nicht HLF Brandbekämpfung), Schlauchpaket mit 2x C-Schlauchlängen und Strahlrohr als Schnellangriff, 4 Schlauchtragekörbe je 3 C-Schlauchlängen, zwei davon mit Strahlrohr, Schlauchschublade mit 3x B-Schlauchlängen als Haspelersatz, 1x 5m B-Schlauch mit Verteiler, Hydroschild, Rettungsbrett »ultraspine board«, Sprungpolster (Sindelfingen: nur HLF Brandbekämpfung), Rosenbauer Stromerzeuger RS 14 (Untertürkheim: nicht HLF40 CAFS), hydraulisches Pumpenaggregat Weber (Spreizer, Schere, Pedalschneider, Rettungszylinder), Unterbaublöcken, Stab-Fast System, Stihl Motorsäge Greif Mehrzweckzug Z16 (Sindelfingen: alles nur HLF Hilfeleistung), Fein Stichsäge, Öl-/Chemikalienbindevlies, (nur Sindelfingen HLF Umweltschutz): Wassersauger, Auffangwannen/ Werkzeug öl-/säure-beständig, nicht funkenreißend, Auffangbehälter 50 l, Edelstahleimer 10 l, Dichtkissen

Werkfeuerwehr Mercedes-Benz Rastatt

HLF 40

Deutschland / PKW-Montagewerk

Mercedes-Benz Antos 1843 LL, Motor 428 PS/315 kW, zGM 18 t, Vollluftfederung, Baujahr Fahrgestell 2018, **Aufbau Empl** 2019, in Dienst 2020, Staffelbesatzung, 4 PA in der Kabine, Rotzler Seilwinde 50 kN Zugkraft, Generator 7 kVA, 2500 l Wasser, 230 l Schaummittel, **Dachbeladung**: Lichtmast Fireco 6x 40 W LED, 6 m Lichtpunkthöhe, Schaum-Wasser-Werfer 2800 l/min, 3tlg. Schiebleiter, 4tlg. Steckleiter, Klappleiter

Rechte Seite: Zug /Hubwinde Habegger Hit-Trac, Ketten-, Rettungssäge, Trennschleifer, Tauchpumpen, Leader Überdrucklüfter 1x elektrisch, 1x Verbrennungsmotor, 2 Druckschläuche D mit Hohlstrahlrohr als Schnellangriff, tragbarer Monitor. **Im/am Fahrzeugheck:** Jöhstadt Pumpe N40 (FPN 10-4000), 2x CSA-Vollschutz, 2x Chemieschutzanzug, 2 Einmannhaspeln B

Linke Seite: 2 Weber Hydraulikaggregate B-Compact Eco Akku mit Spreizer und Schere, Rettungszylinder, Weber Abstützsystem Stab-Fast, Akku-Schrauber, Schlagschrauber, div. Dicht- und Hebekissen, Faltbehälter Otter, 2 Druckschläuche C42 mit Hohlstrahlrohr als Schnellangriff, 12 Druckschläuche C in 4 Schlauchtragekörben, Nebel-, Piercingdüse

Werkfeuerwehr Mercedes-Benz Germersheim **HLF 40**

Deutschland / Global Logistics Center

Mercedes-Benz Antos 1843 LL, Motor 428 PS/315 kW, zGM 18 t, Vollluftfederung, Baujahr 2018, **Aufbau Empl**/in Dienst 2020, Besatzung 1/5, 4 PA **in der Kabine**, Rotzler Seilwinde 50 kN Zugkraft, Einbaugenerator 20 kVA, Godiva Heckpumpe FP 40/10 (4000 l/min bei 10 bar), 2000 l Wasser, 300 l Schaummittel, **Dachbeladung**: Lichtmast Fireco 4x 40 W LED, 6 m Höhe, Schaum-Wasser-Werfer 2000 l/min, Steckleiter. **Im/am Fahrzeugheck**: Bedienfeld Pumpe & Generator, Schnellangriff Strom & Druckluft, 1 Einmann-Haspel 50 kg CO_2.

Rechte Seite: Rettungsplattform, Überdrucklüfter, Schnellangriff Wasser, Feuerlöscher, Dichtungsmaterial, Auffangwannen, Schlauchtragekörbe 3xC, Schaumrohr, Zumischer, 2 Kanister Schaummittel

Linke Seite: Weber Hydraulikaggregat, Spreizer, Schere, Rettungszylinder, Schwelleraufsatz, Hochdrucklüfter Leader, Schnellangriff Wasser, Schlauchtragekörbe 2xC, Verteiler, Strahlrohre, Blitzleuchten, Verkehrsleitkegel

Werkfeuerwehr Daimler Truck Wörth — HLF 40

Deutschland / LKW-Montagewerk

Mercedes-Benz Antos 1946 LL, Motor 456 PS/335 kW, zGM 19 t, Vollluftfederung, Baujahr 2018, **Aufbau Empl**/in Dienst 2020, Besatzung 1/5, 5 PA (4 Kabine, 1 Beifahrer), Rotzler Seilwinde 50 kN Zugkraft, Einbaugenerator 20 kVA, Jöhstadt Heckpumpe FP 40/10 (4000 l/min bei 10 bar), 2000 l Wasser, 300 l Schaummittel, **Dachbeladung**: Lichtmast Fireco 8x 40 W LED, 6 m Höhe, Schaum-Wasser-Werfer 2000 l/min, Steckleiter. **Im/am Fahrzeugheck**: Bedienfeld Pumpe & Generator, Schnellangriff Strom & Druckluft, 2 Haspeln B-Schlauch.

Rechte Seite: Rettungsplattform, Hebekissen, Tauchpumpe TP6, Motortrennschleifer, Motorkettensäge, Rettungssäge, Elektrowerkzeug, Schnellangriff Wasser, Schlauchtragekörbe 2xC, 1xB, Schaumrohr, Zumischer, 2 Kanister Schaummittel

Linke Seite: Weber Hydraulikaggregat, Spreizer, Schere, Rettungszylinder, Abstützsystem Stab-Pack, Rettungsstützen Paratech, Sprungpolster, Faltbehälter Otter 160 l, Hochdrucklüfter Leader, Schnellangriff Wasser, tragbarer Wasserwerfer, Ölbindevlies, Gullydichtkissen, Rauchverschluss

Werkfeuerwehr PTZ Immendingen

HLF

Deutschland / PKW-Prüf- und Technologiezentrum

Mercedes-Benz Atego 1630 AF 4x4, 299 PS/220 kW, zGM 16 t, Allradantrieb permanent, Baujahr/in Dienst 2018, **Aufbau Rosenbauer**, Rosenbauer Pumpe N30 (3000 l/min), 2000 l Wasser, 500 l Schaummittel. **Dachbeladung:** Lichtmast 8x 35 W LED, 4-tlg. Steckleiter, Schlauchbrücken, **in der Mannschaftskabine**: 4 Atemschutzgeräte, 2 Wärmebildkameras, 2 Gasmessgeräte Xam2500, 2 Handleuchten, 2 Handsprechfunkgeräte

Rechte Seite: Stromerzeuger 14 kVA, Flutlichtstrahler, Hebekissen, Tauchpumpe, Leader Hochdruckküfter, Teleskopleiter, 4 Blitzleuchten, 8 Verkehrskegel, 2 Kabeltrommeln, Schlauchkassette (3x B20), Schlauchtragekörbe (1xB, 2xC), Schlauchpakete C35 und D30, Feuerlöscher: 2x CO_2 5 kg, Metallbrand PM 12, Schaum SX6

Linke Seite: Hydraulikaggregat (Schere, Spreizer, Rettungszylinder), Pedal- und Bolzenschneider, Stihl Motorkettensägen MS 211 und MS 362, Schutzkleidung, Fein Säbelsäge, Bügelsäge, Rettungsbrett, Mehrzweckzug MZ16, 2 Motorseilzüge, Schlauchtragekörbe (1xB, 2xC), Schlauchpaket C35, D30, Schlauchkassette (3x B20)

Werk Bremen

Werkfeuerwehr Mercedes-Benz Bremen HLF

Deutschland / PKW-Montagewerk

Mercedes-Benz Atego 1530 F, 299 PS/220 kW, zGM 16 t, Baujahr/in Dienst 2020 bzw. 2021, **Aufbau Rosenbauer** für Besatzung 1/7, Rosenbauer Heckpumpe N30 (3000 l/min), 2000 l Wasser, 200 l Schaummittel, Rosenbauer Einbaugenerator 8 kVA. **Dachbeladung**: Fireco Lichtmast 6x 35 W LED, auf 6 m Höhe ausfahrbar, 2 Schlauchbrücken, Saugschläuche, vom Boden entnehmbar: 4-tlg. Steckleiter, Teleskopleiter. **In der Mannschaftskabine**: 4 PA, Funkgeräte, Handlampen, Wärmebildkamera, Messgeräte

Rechte Seite: 6 Faltleitkegel, 4 Blitzleuchten, Flutlichtstrahler LED, Stativ, Hochdrucklüfter Hurricane ESX230, Feuerlöscher Pulver, Schaum, CO_2, Kübelspritze, 5x B-, 3x C-Schlauch, Schleifkorbtrage, Rettungsbrett, Notfallwanne Otter, Krankentrage, Akku-Säbelsäge, Akku-Schrauber

HLF 1: Wassersauger, **HLF 2**: Einsatzzelt

Linke Seite: 4x CSA, 4x Hitzeschutz, Bosch Trennschleifer, Stihl Motor- und Rettungssäge, Weber Hydraulikaggregat E-Compact ECO, Schere RSU180-Plus, Spreizer SP53, Rettungszylinder, Druckplatten, Rettungsplattform, 9 Druckschläuche B, je 3 Schlauchtragekörbe B und C, je 1 Schlauchpaket C und D, Hohlstrahlrohre

Werkfeuerwehr Mercedes-Benz Türk Aksaray HLF-Hubrettung

Türkei / LKW-Montagewerk

Mercedes-Benz Atego 1630 F, 299 PS/220 kW, zGM 16,5 t, Baujahr 2020, in Dienst 2021, **Aufbau Volkan** mit **Mercedes-Benz Kabinenmodul**, Volkan Teleskopleiter, Rettungshöhe 28 m, Rettungskorb für 300 kg (3 Personen), Teleskop-Wasserleitung zum Korbmonitor (Nennleistung 2000 l/min), Volkan Heckpumpe FPN 35/10 (Nennleistung 3500 l/min), 2000 l Wasser, 100 l A3F-Schaummittel, 50 l CAFS-Anlage, Einbaugenerator 13,6 kVA, Umfeldbeleuchtung, elektr. Frontseilwinde, 30 m Seillänge, Zugkraft 7620 kg.

Ausrüstung:
- Holmatro Hydraulikaggregat mit Schere und Spreizer
- Honda Stromerzeuger HK12000 (12 kVA)
- Schnellangriffshaspel Wasser/Schaum mit 20 m Hochdruckschlauch
- Löschlanzen für Litium-Ionen-Batterien, Schaumlanzen und -rohre, Armaturen, Zumischer, Schlauchmaterial B+C, Wasservorhang
- Schutzkleidung, 2 Hitzeschutzanzüge bis 1700°C, 4 Atemschutzgeräte
- Gasmessgeräte, Wärmebildkamera

© für die Fotos dieser Seite: Aleksandar Dimoski

Mercedes-Benz

Werkfeuerwehr Mercedes-Benz Jawor **HLF**

Polen / PKW-Motorenwerk

Mercedes-Benz Atego 1630 AF 4x4, 299 PS/220 kW, zGM 16 t, Allradantrieb permanent, Baujahr/in Dienst 2020, **Aufbau bocar mit Mercedes-Benz Kabinenmodul**, Besatzung 1+5, 2 Atemschutzgeräte in der Kabine, Umfeldbeleuchtung, Lichtmast, Vorbauseilwinde mit 50 kN Zugkraft, Heckpumpe Normal-/Hochdruck (Leistung 3500 l/min bei 8 bar bzw. 160 l/min bei 10 bar), 1300 l Wasser, 160 l Schaummittel, Schaumzumischsystem

Ausrüstung rechts: Schnellangriff Wasser/ Schaum mit 60 m Länge, Strahlrohre, Verteiler, Schlauchmaterial A/B/C, Hebekissensatz, Werkzeugsatz. **Im Fahrzeugheck**: Pumpenbedienstand, Verkehrswarneinrichtung

Ausrüstung links: Lukas Hydraulikaggregat mit Schere und Spreizer, Motordrucklüfter, Feuerlöscher Pulver, Schaum und CO_2, Ölbindebittel, Verkehrsleitkegel, Werkzeug. **Dachbeladung**: Schiebleiter

Werkfeuerwehr Daimler Buses Neu-Ulm

HLF

Deutschland / Bus-Montagewerk

Mercedes-Benz Atego 1630 F, 299 PS/220 kW, zGM 16 t, Baujahr 2023, in Dienst 2024, **Aufbau Magirus für Besatzung 1/6**, Magirus Heckpumpe FPN 35/10 (Nennleistung 3500 l/min bei 10 bar), 3000 l Wasser, 400 l AFFF-Schaummittel, 50 l CAFS-Anlage, Dachmonitor 2000 l/min, Lichtmast Teklite 6x 35 W LED, 6 m Höhe, 4-tlg. Steckleiter, elektrische Warn Frontseilwinde mit 30 m Seillänge, Zugkraft 5000 kg, 2 Einmannhaspeln B-Schlauch

Ausrüstung rechts: Endress Stromerzeuger 13,6 kVA, Flutlichtstrahler, Hochdrucklüfter, Kabeltrommeln, Motorsäge, Rettungssäge, Winkelschleifer, Feuerlöscher Pulver und CO_2, Tauchpumpe, Kombischaumrohr, Schlauchmaterial B+C, Verteiler mit B-Schlauch, Ölbindemittel, Hygieneboard.

Ausrüstung links: Holmatro Pentheon Hydraulik-Schere, -Spreizer, -Rettungszylinder mit Akkubetrieb, Hebekissensatz, Twin-Saw Rettungssäge, Formholz, Sprungpolster, Werkzeugkoffer, Glasmanagement, Abdichtmaterial, Fognail-Satz, 2 Schlauchtragekörbe C, Schlauchmaterial B+C, Verteiler mit B-Schlauch

Generationswechsel (10), ***Werkfeuerwehr Mercedes-Benz Bremen****. Zur Indienststellung des ersten Hilfeleistungslöschfahrzeugs (HLF) neuer Generation (Bildmitte) sind im Sommer 2020 drei Fahrzeugtypen auf Basis des Mercedes-Benz Atego, die in Bremen im Einsatz waren bzw. sind, zum Gruppenbild zusammengekommen. Diese sind von rechts nach links*

- *das LF 16/12 auf Atego 1325 AF 4x4 mit Ziegler-Aufbau, das von 2001 bis 2015 zunächst in Sindelfingen für die freiwillige Werkfeuerwehr und danach in Untertürkheim bis zum Eintreffen der Antos-HLF im Sommer 2016 im Einsatzdienst stand, dann im Prüf- und Technologiezentrum Immendingen bis zum Eintreffen des HLF im Sommer 2018 genutzt wurde, im Anschluss von Ende 2018 bis Sommer 2021 als Ersatz für das erste HLF aus dem Jahr 2003, das 2018 ausgefallen war, seinen Dienst in Bremen tat und schließlich noch 2022 im Werk Kuppenheim eingesetzt wurde,*
- *das erste neue HLF mit Rosenbauer AT3-Aufbau auf Atego 1530 F,*
- *sowie das zweite, bis Sommer 2021 genutzte HLF mit FGL-Metz/Rosenbauer-Aufbau aus dem Jahr 2003 auf Atego 1328 F.*

Im Hintergrund zu sehen ist der KdoW auf Mercedes-Benz GLK 300 4matic, der 2021 außer Dienst ging.

Dezember 2023, ***Werkfeuerwehr Daimler Buses Neu-Ulm****: Die beiden neuen Fahrzeuge der Werkfeuerwehr strahlen in der Wintersonne. Das HLF auf Atego 1630 F mit Magirus-Gruppenkabine und Vorbauseilwinde und das VLF auf Mercedes-Benz Atego 1427 F mit Mercedes-Kabinenmodul und 2,35 m Fahrzeugbreite wurden kurz zuvor vom Aufbauhersteller Magirus in der Nachbarstadt Ulm übernommen.*

Erinnern Sie sich ?

Das HLF auf dem Mercedes-Benz Actros 1835 mit Rosenbauer-Aufbau Baujahr 1998 war bis 2015 bei der Werkfeuerwehr in Untertürkheim im Einsatz (Bild oben).

Im Bildhintergrund zu sehen ist das erste Gebäude des Werkes Untertürkheim, das seit der Werkseröffnung durch die Daimler Motorengesellschaft im Jahr 1904 auch nach 120 Jahren in derselben Funktion als Schmiede genutzt wird.

Nach Ausmusterung 2015 und Überarbeitung des Aufbaus wurde das HLF im Jahr 2017 bei der Werkfeuerwehr Michelin in Homburg/Saar in den Einsatzdienst übernommen und im Jahr 2024 als Erstausrücker eingesetzt (Bild unten).

In der Frontscheibe ist sogar noch der orangefarbene Fuhrpark-Aufkleber des Werkes Untertürkheim zu erkennen ...

Hubrettungsfahrzeuge

Hubrettungsfahrzeuge werden in den Mercedes-Benz-Werkfeuerwehren vorgehalten, wenn dies aufgrund der Gebäudehöhe oder Gebäudeanordnung notwendig ist. Die Fahrzeuge werden als zweiter Rettungsweg für die Menschenrettung aus Produktionshallen eingesetzt und auch zur Brandbekämpfung mit fest installierten Monitoren genutzt. Alle in den letzten Jahren beschafften Fahrzeuge sind als **Teleskopmast (TM)** oder **Teleskopleiter mit Korb (TLK)** ausgeführt worden, die eine hohe Korbbelastung bieten und durch den abknickbaren Korbarm hinter Gebäudevorsprünge reichen. Alle vorhandenen Drehleitern und Gelenkmastbühnen wurden außer Dienst gestellt.

Bis zu einer Rettungshöhe von 30 m bilden zweiachsige Fahrgestelle die Basis, für Rettungshöhen ab 37 m werden dreiachsige Fahrgestelle verwendet. Der Mercedes-Benz Econic ist bei mehreren Fahrzeugen die Basis für den Aufbau der Teleskopmaste. Hier spielt das tiefgesetzte Fahrerhaus bei der Reduzierung der Fahrzeug-Gesamthöhe seine Trümpfe aus.

2014 wurde bei den Hubrettungsfahrzeugen der Generationswechsel eingeläutet. Als erstes Fahrzeug der Mercedes-Benz Werkfeuerwehren wurde für die Werkfeuerwehr in Gaggenau auf dem Mercedes-Benz Antos ein dreiachsiger TM 42 aufgebaut. Dieses Fahrzeug war eines der weltweit ersten Feuerwehrfahrzeuge auf Basis dieser neuen LKW-Baureihe! Mittlerweile sind weitere Dreiachs-Fahrzeuge und sogar Vierachs-Fahrgestelle im Einsatz: bei der Werkfeuerwehr in Sindelfingen ein Mercedes-Benz Antos als TM 49 und bei der Werkfeuerwehr in Bremen ein Mercedes-Benz Arocs als TM 51.

*Generationswechsel (11), **Werkfeuerwehr Mercedes-Benz Bremen**. Die Rosenbauer Teleskopmastbühne (TMB 51) auf Mercedes-Benz Arocs 3243 L 8x4/4 NLA ersetzte 2019 den VEMA Teleskopmast (TM 45) auf Mercedes-Benz Actros 3335 6x4 aus dem Jahr 2000.*

Werkfeuerwehr Mercedes-Benz Sindelfingen

TM 27

Deutschland / PKW-Montagewerk

Mercedes-Benz Atego 1629 F, 286 PS/210 kW, zGM 16 t, Baujahr 2009/2010, in Dienst 2010
Aufbau Bronto Skylift / Ziegler, Korbbodenhöhe 25 m bei 17 m Ausladung, max. Rettungshöhe 27 m, Waagerecht-Senkrecht-Abstützung, automatische Niveauregulierung, Heben von Lasten bis 2000 kg möglich, seitlicher Leiterpark zum Rettungskorb (400 kg Belastung) als vollwertiger Rettungsweg, Ziegler Feuerlöschpumpe FPN 10-3000, Korbmonitor 2300 l/min, Einbaugenerator 6,5 kVA, Arbeitsscheinwerfer am Korb

Bild rechts:
Ansicht des Fahrzeugs von der linken Seite mit dem Bedienstand und der Teleskop-Steigleitung zum Korbmonitor.

Werkfeuerwehr Mercedes-Benz Rastatt — TLK 23-12

Deutschland / PKW-Montagewerk

Mercedes-Benz Atego 1828, 279 PS/205 kW, zGM 18 t, Baujahr 2000, in Dienst: 2000-2001 FF Germersheim, seit 2001 WF Rastatt
Aufbau Bronto Skylift / Ziegler: Rettungshöhe 23 m bei 12 m Ausladung, max. Rettungshöhe 32 m, Heben von Lasten bis 2000 kg möglich, seitlicher Leiterpark zum Rettungskorb als vollwertiger Rettungsweg, Korbbelastung 300 kg, Teleskop-Steigleitung zum Korbmonitor (fernbedienbar, 2000 l/min), Einbaugenerator 6,5 kVA, Hochdrucklüfter am Podium.

Bild rechts:
Ansicht des Fahrzeugs von der linken Seite mit dem Bedienstand und der Teleskop-Steigleitung zum Korbmonitor.

Werkfeuerwehr Daimler Truck Kassel

TM 32

Deutschland / LKW-Achsenwerk

Mercedes-Benz Econic 1833 LL, 326 PS/240 kW, zGM 18 t, Vollluftfederung, Baujahr 2010, in Dienst seit 2011
Aufbau Metz B32, Rettungshöhe 23 m bei 12 m Ausladung, max. Rettungshöhe 32 m, Waagerecht-Senkrecht-Abstützung, automatische Niveauregulierung, Heben von Lasten bis 2000 kg möglich, hydrostatisch angetriebene Rosenbauer Löschpumpe FPN 10-2000 (2000 l/min), Teleskop-Steigleitung zum fernbedienbaren Korbmonitor (2000 l/min), Rettungskorb für 500 kg Belastung mit: Scheinwerfer 2x 1000 W, Kamera (aufgeschaltet auf Bedienplatz am Podium), Rettungsplattform zur Aufnahme einer Schleifkorbtrage oder eines Rollstuhls, Elektroanschluss, Schnellangriffshaspel Wasser, Selbstschutzdüsen.

Bild rechts:
Ansicht des Fahrzeugs von der rechten Seite. Am Drehkranz sind ein Rosenbauer Stromerzeuger RS 14 (14 kVA) und ein Turbolüfter verlastet.
Am Korb ist die Haspel des Schnellangriffs gut zu erkennen.

Werkfeuerwehr Mercedes-Benz Untertürkheim TM 32

Deutschland / PKW-Aggregatewerk

Mercedes-Benz Econic 1833 LL, 326 PS/240 kW, zGM 18 t, Vollluftfederung, Baujahr 2010, in Dienst 2011-2021 Hamburg, seit 2022 Untertürkheim

Aufbau Metz B32, Rettungshöhe 23 m bei 12 m Ausladung, max. Rettungshöhe 32 m, Waagerecht-Senkrecht-Abstützung, automatische Niveauregulierung, Heben von Lasten bis 2000 kg möglich, Teleskop-Steigleitung zum fernbedienbaren Korbmonitor (2000 l/min), Rettungskorb für 500 kg Belastung mit: Scheinwerfer 2x 1000 W, Kamera (aufgeschaltet auf Bedienplatz am Podium), Rettungsplattform zur Aufnahme einer Schleifkorbtrage oder eines Rollstuhls, Elektroanschluss, Schnellangriffshaspel Wasser, Selbstschutzdüsen.

Bild rechts:
Ansicht des Fahrzeugs von der rechten Seite mit dem seitlichen Leiterpark als vollwertigem Rettungsweg.
Am Drehkranz sind ein Rosenbauer Stromerzeuger RS 14 (14 kVA) und Verkehrsleitkegel verlastet.
Am Korb ist die Haspel des Schnellangriffs gut zu erkennen.

Werkfeuerwehr Daimler Truck Mannheim

TM 37

Deutschland / LKW-Motorenwerk, Bus-Montagewerk

Mercedes-Benz Actros 2536 L 6x2/4, 360 PS/265 kW, zGM 25 t, Luftfederung an Antriebsachse und gelenkter Nachlaufachse, Baujahr/in Dienst 2010

Aufbau Bronto Skylift / Rusterholz, Rettungshöhe 37 m, max. seitliche Ausladung 24 m, Teleskoparm mit Lastöse zum Anheben von Lasten bis 2000 kg, Teleskop-Steigleitung zum fernbedienbaren Monitor (2000 l/min) am Korb, Rettungskorb für 325 kg Belastung (3 Personen) mit Elektro- und Atemluftanschluss, sowie Schnellangriff Wasser/Schaum 50 m.

Ausrüstung:

- Stromerzeuger 6,5 kVA am Drehkranz
- Sprungretter
- Überdrucklüfter
- Atemschutzgerät
- Höhenrettungsgerät
- Elektrosäge
- Rettungssäge
- Kamerasystem mit Bildübertragung per Funk (Wärmebild- und Farbkamera) bis 15 km Reichweite

Werkfeuerwehr Daimler Truck Gaggenau TM 42

Deutschland / LKW-Aggregatewerk

Mercedes-Benz Antos 2543 L 6x2/4, 428 PS/315 kW, zGM 26 t, Luftfederung an Antriebsachse und gelenkter Nachlaufachse, Baujahr/in Dienst 2014

Aufbau Metz B42 / Rosenbauer, Rettungshöhe 42 m, max. Ausladung 14 m bei 34 m Höhe, Korbbelastung 400 kg, Teleskopleitung zum Korbmonitor (950 - 4800 l/min bei 8 bar), Korb ausgestattet mit Schnellangriffshaspel, Strom- und Atemluftanschluss. Rosenbauer Mitteneinbaupumpe R600 (6000 l/min bei 8 bar).

Ausrüstung:

- Rosenbauer Stromerzeuger RS 14 (14 kVA) am Drehkranz
- Elektrolüfter
- Schlauchtragekörbe (2x B, 1x C), B-Schlauchmaterial
- Schleifkorbtrage mit Vakuummatratze und Vakuumpumpe
- Rettungssäge
- Motorsäge

Dieser TM 42 war im Jahr 2014 eines der weltweit ersten Feuerwehrfahrzeuge auf dem Mercedes-Benz Antos und der erste Antos der Mercedes-Benz Werkfeuerwehren.

Werkfeuerwehr Mercedes-Benz Düsseldorf — TM 42

Deutschland / Transporter-Montagewerk

Mercedes-Benz Econic 2635 LL, 354 PS/260 kW, zGM 26 t, Automatikgetriebe, Vollluftfederung, gelenkte Nachlaufachse, Baujahr 2021/2022, in Dienst 2022

Aufbau Rosenbauer B42: Rettungshöhe 42 m, Rettungskorb für 500 kg Belastung (5 Personen), Teleskopleitung (3800 l/min) zum fernbedienbaren Korbmonitor (3800 l/min), Korb ausgestattet mit Video- und Wärmebildkamera, Schnellangriffshaspel, Strom- und Atemluftanschluss, Safesky Oberleitungs- und Hinderniserkennung. Rosenbauer Mitteneinbaupumpe N35 (3500 l/min), Wassertank 1000 l

Ausrüstung:

- Rosenbauer Stromerzeuger RS 14 (14 kVA) am Drehkranz
- Sprungretter
- Schleifkorbtrage, Schaufeltrage
- Hochdrucklüfter
- 4 Atemschutzgeräte
- Schlauchmaterial B, Verteiler
- Motorsäge mit Zubehör
- Blitzleuchten, Verkehrsleitkegel

Bild rechts:
Ansicht des Fahrzeugs von der rechten Seite mit dem seitlichen Leiterpark als vollwertigem Rettungsweg.

Werkfeuerwehr Mercedes-Benz Germersheim — TM 45

Deutschland / Global Logistics Center

Mercedes-Benz Actros 2546 L 6x2/4, 455 PS/335 kW, zGM 28 t, Luftfederung an Antriebsachse und gelenkter Nachlaufachse, Baujahr 2023/2024, in Dienst 2024

Aufbau Rosenbauer B45: Rettungshöhe 45 m, Rettungskorb für 500 kg Belastung (4 Personen), Teleskopleitung (4000 l/min) zum Korbmonitor (1000 - 4000 l/min), Korb ausgestattet mit Schnellangriffshaspel, Strom- und Atemluftanschluss, Safesky Oberleitungs- und Hinderniserkennung, Rosenbauer Mitteneinbaupumpe N40 (4000 l/min)

Ausrüstung:

- Stromerzeuger Rosenbauer RS14 (14 kVA) am Drehkranz
- Sprungpolster
- Schleifkorbtrage, Schaufeltrage
- Hochdrucklüfter
- Nebellöschsystem
- Schlauchmaterial B, Verteiler, Strahlrohre
- Kabeltrommel
- Blitzleuchten, Verkehrsleitkegel

Bild rechts:
Ansicht des Fahrzeugs von der rechten Seite mit dem seitlichen Leiterpark als vollwertigem Rettungsweg.

Werkfeuerwehr Mercedes-Benz Sindelfingen **TM 49**

Deutschland / PKW-Montagewerk

Mercedes-Benz Antos 3548 L 8x4/4 NLA, 476 PS/350 kW, zGM 32 t (technisch 34,5 t), Luftfederung an Antriebsachsen und gelenkter Nachlaufachse, Baujahr 2017/2018, in Dienst 2018

Aufbau Bronto Skylift / Ziegler, Rettungshöhe 49 m, seitliche Ausladung max. 20 m, Waagerecht-Senkrecht-Abstützung mit automatischer Niveauregulierung, Rettungskorb für 500 kg Belastung (4 Personen), um 45° je Seite drehbar, am Korb: Elektroanschluss 230/400 V, Scheinwerfer 4x 1000 W montierbar. Hydrostatisch angetriebener Generator 14 kVA.

Bild rechts:
Ansicht des Fahrzeugs von der Fahrerseite, mit dem Bedienstand und der Teleskop-Steigleitung (3800 l/min) zum fernbedienbaren Korbmonitor (2000 l/min).

Werk Bremen

Werkfeuerwehr Mercedes-Benz Bremen

TMB 51

Deutschland / PKW-Montagewerk

Mercedes-Benz Arocs 3243 L 8x4/4 NLA, 428 PS/315 kW, zGM 37 t, Luftfederung an Antriebsachsen und gelenkter Nachlaufachse, Baujahr/in Dienst 2018

Aufbau Rosenbauer B51, Rettungshöhe 51 Meter, seitliche Ausladung max. 30 m bei 20 m Höhe, Unterflurarbeitsbereich max. 10 m, Rettungskorb für 550 kg Belastung (4 Personen), 20 m Schnellangriff am Korb, Rosenbauer Pumpe FP 55/10 (Nennleistung 5500 l/min bei 10 bar), Schaummittelpumpe (Förderleistung 800 l/min), Schaummitteltank 860 l

Ausrüstung:

- Stromerzeuger Rosenbauer RS 14 (14 kVA) am Drehkranz
- 2 Dräger Langzeit-Atemschutzgeräte PSS100
- Beleuchtung 4x LED 180 W (je 23000 Lumen), 4x Nordiclight LED 50 (je 4300 Lumen)
- Schlauchmaterial B+C, Standrohr
- Motorkettensäge, Hochdrucklüfter

Bild rechts:

Ansicht des Fahrzeugs von der Fahrerseite mit dem Bedienstand und der Teleskop-Steigleitung (3800 l/min) zum Korbmonitor (3800 l/min).

Generationswechsel (12), **Werkfeuerwehr Mercedes-Benz Rastatt.** *Im Frühjahr 2020 wurden die neuen HLF 40 auf Mercedes-Benz Antos 1843 LL mit Empl-Aufbau in den Einsatzdienst übernommen und lösten die HLF auf Mercedes-Benz Actros 1835 L mit Rosenbauer-Aufbau aus den Jahren 2000/2001 ab. Oben präsentieren sich zur Wachablösung die Zwillingspärchen dem Fotografen, unten die Neufahrzeuge im April 2022 mit neuen Türbeschriftungen.*

WLF-Generationen der **Werkfeuerwehr Mercedes-Benz Rastatt.** *Nach Indienststellung der Neufahrzeuge stellen sich die drei Wechselladerfahrzeuge Ende Juni 2024 zum Gruppenfoto auf. Dies sind v.r.n.l. das WLF 32-Kran auf dem Mercedes-Benz Arocs 3253 L 8x2/6 Baujahr 2024, das WLF 26 auf dem Mercedes-Benz Arocs 2545 L 6x4/4 HAD Baujahr 2023 und das WLF 26 auf dem Mercedes-Benz Actros 3336 AK 6x6 Baujahr 2006, dessen baugleiches Schwesterfahrzeug seit Juli 2024 im Werk Düsseldorf im Einsatz ist.*

Gerätewagen

Während der vergangenen elf Jahre sind die beiden letzten verbliebenen Rüstwagen (RW) der Mercedes-Benz-Werkfeuerwehren außer Dienst gestellt worden. Dagegen ist die Variantenvielfalt der **Gerätewagen (GW)** in unterschiedlichen Ausführungen und Bezeichnungen angestiegen. Ein großer Teil der Gerätewagen wird von Transportern abgedeckt, jedoch sind einige Fahrzeuge auf Basis von LKW-Fahrgestellen im Einsatz, die in ihrer Ausstattung Rüstwagen sehr ähnlich sind. Neben Transportfahrzeugen ohne Beladung, z.B. GW-T (Transport), GW-N (Nachschub), GW-L (Logistik) oder **Mehrzweckfahrzeugen (MZF)** existieren Einheiten, die geringe Umfänge fest zugeordneter Ausrüstung mitführen. Fahrzeuge, die für Umweltschutzeinsätze ausgestattet sind, wurden als GW-Öl realisiert. Sonderausführungen der Gerätewagen für technische Hilfeleistungen kleineren Umfanges werden als **Kleineinsatzfahrzeug (KEF)**, **Kleineinsatzfahrzeug-Trupp (KEF-T)** oder **Kleinalarmfahrzeug (KLAF)** bezeichnet. In Untertürkheim fahren die beiden KEF anstelle eines VLF/KLF im Löschzug als Ergänzung der HLF mit. Bei der Werkfeuerwehr in Sindelfingen wurde ein ehemaliges Vorauslöschfahrzeug für den Transport des Höhenrettungsgerätes zum **GW-SRHT** (Gerätewagen Spezial-Rettung aus Höhen und Tiefen) umgebaut.

Fünf Exoten gibt es in diesem Kapitel: Bei den Werkfeuerwehren in Düsseldorf, Ludwigsfelde und Sindelfingen sind Teleskoplader im Einsatz, um die im Vergleich zu konventionell angetriebenen Fahrzeugen schwereren Elektrofahrzeuge bewegen zu können. Und in den Feuerwachen Kassel und Untertürkheim stehen weitere Spezialfahrzeuge bereit, zu sehen auf S. 102.

*Generationswechsel (13), **Werkfeuerwehr Daimler Buses Neu-Ulm**. Der Rüstwagen-Umwelt (RW-U, rechts) auf dem Mercedes-Benz Atego 917 AF 4x4 aus dem Jahr 2000 wurde im Sommer 2019 durch einen Gerätewagen-Logistik (GW-L, links) auf dem Mercedes-Benz Atego 1221 L abgelöst und nach der Indienststellung des neuen Hilfeleistungslöschfahrzeuges im Jahr 2024 außer Dienst gestellt.*

WERKFEUERWEHR DÜSSELDORF

Werkfeuerwehr Mercedes-Benz Düsseldorf — MZF

Deutschland / Transporter-Montagewerk

Mercedes-Benz Citan 111 CDI
110 PS/81 kW, zGM 2,2 t
Baujahr/in Dienst 2020

Ausrüstung:
- Absperrmaterial
- Handbesen, Handschaufel
- First-Responder-Rucksack
- sonstige Beladung nach Bedarf

Werk Bremen

Werkfeuerwehr Mercedes-Benz Bremen — GW

Deutschland / PKW-Montagewerk

Mercedes-Benz Vito 116 CDI
163 PS/120 kW, zGM 2,7 t
Baujahr/in Dienst 2015

Ausbau Schutz:
- 2 Atemschutzgeräte
- Wassersauger
- Tauchpumpe
- Kabeltrommel
- Werkzeug
- Ölbindemittel, Dichtkissen
- mobiles Ladegerät 12V/24V
- Feuerlöscher (1x K5 CO_2 1x 6 kg Pulver), Bockleiter, 5 Verkehrsleitkegel, 3 Blitzleuchten

Werkfeuerwehr Mercedes-Benz Sindelfingen — GW-SRHT

Deutschland / PKW-Montagewerk

Mercedes-Benz Sprinter 416 CDI
156 PS/115 kW, zGM 4,6 t
Baujahr 2004,
Umbau/in Dienst 2014

Aufbau Rosenbauer/
Umbau Feuerwehr (ex VLF):

- 6 Höhenrettungs-Transportsäcke
- Dreibock mit Seilwinde
- Flaschenzug
- Seiltrommeln mit Statik- und Dynamikseil
- Akku-Motorsäge

Werkfeuerwehr Mercedes-Benz Sindelfingen — KEF-T

Deutschland / PKW-Montagewerk

Mercedes-Benz Sprinter 519 CDI
190 PS/140 kW, zGM 5 t
Baujahr 2010,
Umbau/in Dienst 2013

Aufbau Rosenbauer/
Umbau Feuerwehr (ex VLF):

- Stromerzeuger 13 kVA
- Lichtmast 4x 35 W Xenon
- Rosenbauer UHPS Hochdruck Löschanlage
- Schnellangriff 60 m Länge
- 200 l Wasser, 20 l Schaummittel
- Hochdrucklüfter
- Akku-Schere S180
- Akku-Spreizer SP35
- Wassersauger, Tauchpumpe
- Motorsäge, Säbelsäge
- Winkelschleifer

Werkfeuerwehr Daimler Truck Mannheim — GW-N

Deutschland /LKW-Motoren-, Bus-Montagewerk

Mercedes-Benz Sprinter 518 CDI
184 PS/135 kW, zGM 5 t
Baujahr 2008, in Dienst:
2008-2016 Germersheim,
seit 2016 Mannheim

Pritschenaufbau
- Schiebeplane
- Ladebordwand Bär Cargolift (Hublast 750 kg)
- Beladung mit Material nach Bedarf

Werkfeuerwehr Mercedes-Benz Ludwigsfelde — GW-L

Deutschland /Transporter-Montagewerk

Mercedes-Benz Sprinter 211 CDI
Motor 109 PS/85 kW, zGM 2,8 t
Baujahr 2008, in Dienst 2009

Pritschenaufbau mit serienmäßiger Mannschaftskabine:
- Beladung nach Bedarf
- Transport von 6 Einsatzkräften

Werkfeuerwehr Mercedes-Benz Rastatt — KEF

Deutschland /PKW-Montagewerk

Mercedes-Benz Sprinter 210 CDI
95 PS/70 kW, zGM 3 t
Baujahr/in Dienst 2012

Ausrüstung:
- Sortimo-Regalsystem
- Verkehrsleitkegel
- Feuerlöscher Schaum und CO_2
- Ölbindevlies, Ölbindemittel, Ölreinigungsmittel
- Stellplatz für Rollcontainer nach Bedarf

Werkfeuerwehr Daimler Truck Kassel

GW-Öl

Deutschland / LKW-Achsenwerk

Mercedes-Benz
Sprinter 313 CDI
129 PS/95 kW, zGM 3,5 t
Baujahr/in Dienst 2014

Ausbau Feuerwehr:
- Hochdrucklöscher (10 l Wasser)
- Fasspumpe, Tauchpumpe
- Abdichtmaterial, Dichtkissen
- Rohrbruchschellen
- Wassersauger
- Teleskopleiter, Werkzeug
- Ölbindemittel
- Streuwagen für Ölbindemittel
- Zusatzstauraum für Beladung nach Bedarf

Werkfeuerwehr Daimler Truck Wörth

KLAF

Deutschland / LKW-Montagewerk

Mercedes-Benz
Sprinter 316 CDI
163 PS/120 kW, zGM 3,5 t
Baujahr 2016, in Dienst 2017

Ausbau Feig:
- Sortimo-Regalsystem
- Verkehrsleitkegel
- Blitzleuchten
- CO_2- und Pulver-Löscher
- Ölbindemittel, Auffangwannen
- Teleskopleiter, Werkzeugkoffer
- Kettensäge
- Rohrleitungs-Videosystem
- Tiertransportbox
- Imkerschutzkleidung, 2 CSA

Werkfeuerwehr Mercedes-Benz Sindelfingen

GW-T

Deutschland / PKW-Montagewerk

Mercedes-Benz
Sprinter 519 CDI
190 PS/140 kW, zGM 5 t
Baujahr/in Dienst 2015

Aufbau Staiger:

- Pritschenaufbau mit Plane
- Bär Heck-Ladebordwand (Hublast 500 kg)
- Beladung mit Material nach Bedarf

Werkfeuerwehr PTZ Immendingen

GW-T

Deutschland / PKW-Prüf- und Technologiezentrum

Mercedes-Benz
Sprinter 519 BlueTec 4x4
190 PS/140 kW, zGM 5 t
Allradantrieb permanent
Baujahr/in Dienst 2018

Aufbau Staiger:

- Pritschenaufbau mit Plane
- Bär Ladebordwand (Hublast 750 kg)
- Beladung mit Material nach Bedarf

Werkfeuerwehr Mercedes-Benz Untertürkheim KEF-T

Deutschland / PKW-Aggregatewerk, Wachen Untertürkheim & Mettingen

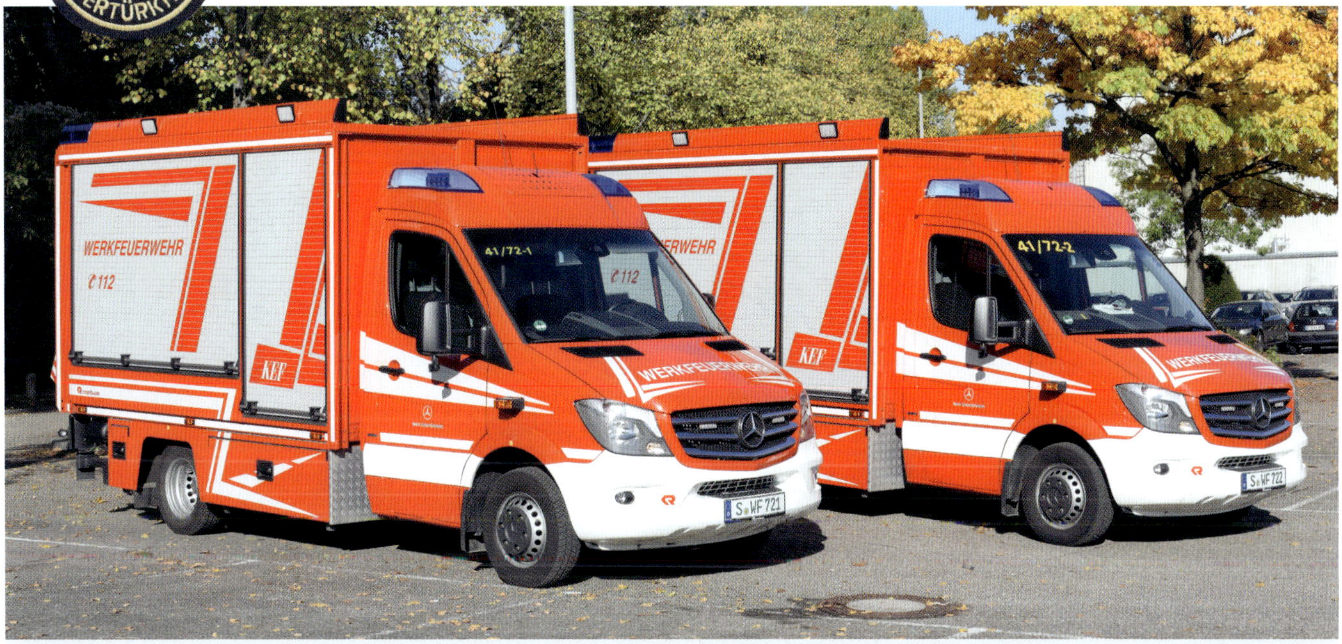

Mercedes-Benz Sprinter 519 CDI, 190 PS/140 kW, zGM 5,3 t, Baujahr 2016, in Dienst 2017, **Aufbau Rosenbauer CL**, Rosenbauer Einbaugenerator EPS 9 (9 kVA). Gerätekoffer mit Festbeladung, am Heck Palfinger Ladebordwand (Hublast 1000 kg) zur Entnahme der vier **Rollcontainer (RC)** aus dem hinteren Aufbauteil. **In der Kabine**: 2 Warnwesten, Notfallrucksack, 2 Adalit-Stableuchten, Mehrgasmessgerät, Elektrotester Wasser

Ausrüstung Gerätekoffer rechts: Schnellangriff Strom 50 m, Sortimo-Werkzeugschrank mit Hilti-Akku-Schlagbohrmaschine, Hilti Schlagschrauber, Hilti Akku-Winkelschleifer,

RC Wasserschaden mit Vetter Öl-Wassersauger, Vetter Permanentsauger, Kabeltrommel, 2 leichte CSA, Tauchpumpe TP4, Rohrdichtmanschetten

RC Sondereinsatz mit Tiertransportbox, Teleskopleiter, Dichtkeilen, Gewebeplane

Ausrüstung Gerätekoffer links: Rohrdichtschellen, 2 Atemschutzgeräte, Gewebeplane

RC Brandbekämpfung mit Feuerlöscher 2x Schaum S5, 1x Metallbrand M12, Kübelspritze, Schlauchtragekorb B, Leader Hochleistungslüfter

RC Ölspur mit Ölbindevlies, 3 Kanister Ölbindemittel, Streuwagen, BioVersal Drucksprüher

Werkfeuerwehr Mercedes-Benz Untertürkheim — GW-T

Deutschland / PKW-Aggregatewerk, Wache Untertürkheim

Mercedes-Benz
Sprinter 519 CDI
190 PS/140 kW, zGM 5 t
Baujahr/in Dienst 2019

Hensel Kofferaufbau

- Heckladebordwand Dautel (Hublast 1000 kg)
- Beladung mit Rollcontainern nach Bedarf

Werkfeuerwehr Daimler Truck Mannheim — GW-T

Deutschland / LKW-Motoren- und Bus-Montagewerk

Mercedes-Benz
Sprinter 519 CDI
190 PS/140 kW, zGM 5,5 t
Baujahr/in Dienst 2024

Unger Kofferaufbau

- Bär Cargolift Ladebordwand (Hublast 1000 kg)
- Beladung mit Rollcontainern nach Bedarf

Werkfeuerwehr Mercedes-Benz Türk Hosdere — MZF

Türkei / Bus-Montagewerk

Mercedes-Benz
Unimog U500
231 PS/170 kW, zGM 16 t
Allradantrieb permanent
Baujahr/in Dienst 2010

Serien-Pritschenaufbau

- Frontanbauplatte
- Feuerlöscher 6 kg
- Materialtransport nach Bedarf

Werkfeuerwehr Mercedes-Benz Rastatt — GW-N

Deutschland / PKW-Montagewerk

Mercedes-Benz
Atego 1125 AF 4x4
245 PS/180 kW, zGM 11 t
Allradantrieb permanent
Baujahr Fahrgestell 2007
in Dienst 2008

Zikun Kofferaufbau:

- Seilwinde Rotzler Treibmatic 50 kN
- Pritsche mit Schiebeplane
- Gerätekoffer mit Festbeladung u.a. Eisemann Stromerzeuger, Elektroschrauber, Bohrmaschine, Säbelsäge, Beleuchtungsgerät
- Heck-Ladebordwand (Hublast 1,5 t), Beladung mit Material und Rollcontainern nach Bedarf

Werkfeuerwehr Daimler Truck Kassel GW-L

Deutschland / LKW-Achsenwerk

Mercedes-Benz Atego 1530 AF 4x4, 299 PS/220 kW, zGM 16 t, Allradantrieb permanent, Baujahr/in Dienst 2015, Rotzler Seilwinde Zugkraft 80 kN, **Aufbau Hensel**: Lichtmast Teklite 6x 100 W (6 m Höhe), Dautel Heck-Ladebordwand (1,5 t Hublast) zum Be/Entladen der Rollcontainer: 2x Nasssauger, 1x Be-/Entlüftungsgerät, 1x Werkzeug, 2x Überfässer, 1x Beleuchtung (2 Powermoon), 1x Tauchpumpen, 2x Löschwasserförderung.

Seitlich begehbarer Aufbau zum wettergeschützten Anlegen der innen an der Stirnwand gelagerten gasdichten CSA (Tesimax) und der leichten Einweg-CSA Modell ProChem II.

Im Gerätekoffer sind ständig verlastet: Rosenbauer Stromerzeuger RS 14 (14 kVA), Kabeltrommeln, Flutlichtbrücke 2x 1000 W, Anschlagmittel für Seilwinde, Rundschlingen, Mehrzweckzug MZ16, Motor-Kettensäge, Bügelsäge, Elektro-Kettensäge, Stichsäge, Brennschneidgerät, Trennschleifer groß/klein, Handbohrmaschine, Elektro-Werkzeugkoffer, Dicht-/Hebekissen, 4 Blitzleuchten, 10 Verkehrsleitkegel, Feuerlöscher.

Werkfeuerwehr Mercedes-Benz Düsseldorf GW-L

Deutschland / Transporter-Montagewerk

Mercedes-Benz Atego 1330 L, 299 PS/220 kW, zGM 13,5 t, Baujahr/in Dienst 2018, **Hensel Kofferaufbau** mit Heckladebordwand Dautel (Hublast 1,5 t), Umfeldbeleuchtung, Lichtmast 6x50 W LED, 6 m Lichtpunkthöhe. Bierzeltgarnitur und Standheizung im Aufbau, weil das Fahrzeug als Behelfs-Aufenthaltsraum nutzbar ist.

Rechte Seite: Zugang zum Geräteraum, Verkehrsleitkegel, Blitzleuchten, Werkzeug
Zusätzliche ständig verlastete Ausrüstung: Abschleppstange, Bandschlingen, Besen, Schaufeln, Kabeltrommeln, Schutzanzüge.
Der GW-L ist Zugfahrzeug für den FwA Lüfter mit Ziegler/Tempest MGV-LB.

Linke Seite: Ölbindemittel im Staukasten
Im Bild sind zu sehen: Rollcontainer »Gitterbox« mit Bindemittel, Rollcontainer »Wasserschaden« mit Chiemsee-Pumpen und Tauchpumpen, sowie der Rollcontainer »Vettersauger« mit 4 Wassersaugern.
Nach Bedarf können weitere Rollwagen (z.B. Schaummittel) verlastet werden.

Werkfeuerwehr Daimler Buses Neu-Ulm GW-L

Deutschland / Bus-Montagewerk

Mercedes-Benz Atego 1221 L, 211 PS/155 kW, zGM 11,99 t, luftgefederte Hinterachse, Baujahr/in Dienst 2019, **Ziegler Kofferaufbau** mit Palfinger Heckladebordwand (Hublast 1500 kg) zur Entladung von bis zu 6 Rollcontainern mit Material nach Bedarf, Lichtmast 4x 35 W LED, 6 m Höhe, Frontsprühbalken für Ölreinigungsmittel, bei langsamer Fahrt auf Flächen aufzubringen, Versorgung durch vom Fahrzeugmotor angetriebene Oertzen Hochdrucklöschanlage HDL 250 mit pump-and-roll-Funktion, Löschwassertank 1.000 l.

Rechte Seite: Bedienstand Einbaupumpe, Schnellangriff Hochdruck 50 m, Feuerlöscher Pulver und CO_2, Absperrmaterial, Ölbindevlies, Verbandkasten, Verkehrskegel faltbar, Blitzleuchten, Handkreissäge

Linke Seite: 2 Atemschutzgeräte, Ersatzflaschen, Beleuchtungsgerät (LED-Strahler, Stativ), Handleuchten mit Ladeerhaltung, Kabelroller, Eisemann Stromerzeuger 14 kVA Leistung

Werkfeuerwehr Mercedes-Benz Ludwigsfelde — GW-L

Deutschland / Transporter-Montagewerk

Mercedes-Benz Econic 1830 LL, 299 PS/220 kW, zGM 18 t, Vollluftfederung, Baujahr/in Dienst 2024, das Fahrzeug war zum Redaktionsschluss im Oktober 2024 bei der **Fa. Freytag**, um seinen Kofferaufbau zu erhalten. Heckladebordwand (Hublast 2000 kg) mit Querteilung für das Ausbringen von Schlauchleitungen. Lichtmast an der Aufbaufront mit 6x 43 W LED, pneumatisch auf 5,3 m Höhe ausfahrbar. Mit der Indienststellung des GW-L wird ein Rollcontainer (RC)-System eingeführt, u.a.: RC Stromerzeuger, RC Gefahrgutumfüllpumpe, RC Fasspumpe, RC Auffangen, RC Wasserschaden, RC Atemschutz, RC B-Schlauch, RC C-Schlauch, RC Abdichten, RC Höhenrettung, RC Rüstholz.

Generationswechsel (14), ***Werkfeuerwehr Mercedes-Benz Ludwigsfelde****. Solange der neue Gerätewagen-Logistik (GW-L) auf Mercedes-Benz Econic 1830 LL noch nicht verfügbar ist, wird sein Vorgänger auf Mercedes-Benz Vario 814 D mit Ziegler-Aufbau aus dem Jahr 2001 treu seinen Dienst absolvieren.*

Der 7,49 t schwere Gerätewagen mit 136 PS/100 kW ist u.a. ausgerüstet mit

- *500 l Schaummitteltank*
- *Heck-Lichtmast mit 2x 1000 W*
- *Stromerzeuger, Nasssauger, Dicht- und Hebekissen*
- *4 Chemikalienschutzanzügen*
- *Gefahrgut-Schlauchpumpe, Tauchpumpe TP4*
- *Motor-Kettensäge und Motor-Trennschleifer*
- *Ölbindemittel Bioversal*

Werkfeuerwehr Mercedes-Benz Bremen — Teleskoplader

Deutschland / PKW-Montagewerk

Kramer 3507 ecospeed
Deutz-Motor 136 PS/100 kW
Allradantrieb, Allradlenkung
Eigenmasse max. 7,5 t
Tragkraft max. 3,5 t
Hubhöhe max. 7 m
Reichweite max. 3,70 m
Baujahr/in Dienst 2023.

Ausstattung:
- Umfeldbeleuchtung
- Handleuchte

Werkfeuerwehr Mercedes-Benz Düsseldorf — Teleskoplader

Deutschland / Transporter-Montagewerk

Manitou MLT 961-160 V+L
Yanmar-Motor 156 PS/115 kW
Allradantrieb, Allradlenkung
Eigenmasse 11,95 t
Tragkraft max. 6 t
Hubhöhe max. 9 m
Reichweite max. 5,30 m
Baujahr/in Dienst 2022.

Ausstattung:
- Atemluftversorgung, Klimaanlage
- Umfeldbeleuchtung, Handleuchte
- Fahrzeugfunk digital
- Handfunkgeräte digital und analog
- Staukasten am Fahrzeugheck

Dem Teleskoplader stehen zusätzlich zum kurzen Standard-Gabelträger folgende Anbaugeräte zur Verfügung: Langer Gabelträger, Kranausleger, Abschleppbrille, Erdschaufel, Lasthaken zum Bewegen von Abrollbehältern.

Werkfeuerwehr Mercedes-Benz Ludwigsfelde — Teleskoplader

Deutschland / Transporter-Montagewerk

Manitou MLT 940-140 V+, Deutz-Motor 136 PS/100 kW, Allradantrieb, Allradlenkung, Eigenmasse 8,36 t, Tragkraft max. 4 t, max. Hubhöhe 9 m, max. Reichweite 6,55 m, Baujahr/in Dienst 2022.
Ausstattung: Atemluftversorgung und Klimaanlage für die Kabine, Umfeldbeleuchtung, Adalit Handleuchte, digitaler Fahrzeugfunk, Handfunkgeräte digital und analog, Staukasten am Fahrzeugheck.

***Bild oben:** Der Teleskoplader wird, bis der Gerätewagen-Logistik (S. 99) verfügbar ist, werksintern im Notfall als Zugfahrzeug für den Feuerwehr-Anhänger (FwA) Havarie eingesetzt. In diesem FwA können Elektrofahrzeuge oder Batterien gelöscht/gekühlt werden. Der Müller Safetytrailer (14 t zGM, technisch bis 21 t zGM) steht auch zur Nutzung als Löschwasserpuffer mit 17 m³ Inhalt bereit.*

Werkfeuerwehr Mercedes-Benz Sindelfingen — Teleskoplader

Deutschland / PKW-Montagewerk

MERLO P27.6
Kohler 4-Zyl.-Dieselmotor 75 PS/55 kW
zGM 5,2 t, Allradantrieb, Allradlenkung
Baujahr/in Dienst 2023
max. Traglast 2700 kg
bis zu 5,9 m Hubhöhe, dann noch 1800 kg Traglast

Werkfeuerwehr Mercedes-Benz Untertürkheim — LUF-Bergeschlepper

Deutschland / PKW-Aggregatewerk Wache Untertürkheim

LUF (Löschunterstützungsfahrzeug)
Bergeschlepper-Ausführung, Funkfernsteuerung, John Deere 4-Zyl.-Dieselmotor 140 PS/104 kW, Raupenkettenfahrwerk, Hublast 1800 kg, Hubhöhe 800 mm, Seilwinde Zugkraft 2000 kg, Seillänge 15 m, Kreiselpumpe 1000 l/min, 500 l Wasser, 30 l Schaummittel, 20 m Hochdruckschlauch, Löschlanze 25 l/min, Sprühbalken 30 l/min

Werkfeuerwehr Daimler Truck Kassel — MZF

Deutschland / LKW-Achsenwerk

John Deere 2032 R HAST
3-Zylinder-Dieselmotor 37 PS/27 kW, hydrostatischer Antrieb, Gewicht ohne Anbaugeräte 1.325 kg, Anhängelast 2.500 kg, Hubkraft an den Hydraulik-Koppelpunkten 946 kg, max. Geschwindigkeit 27 km/h
Zugmaschine für Geräteanhänger und Arbeitsgerät, z.B. mit Vorbau-Kehrmaschine.

Wechselladerfahrzeuge

Wechselladerfahrzeuge (WLF) wurden bei den Mercedes-Benz Werkfeuerwehren eingeführt, um wenig eingesetzte Fahrzeuge mit Sonderaufbauten abzulösen. Durch Einsatz von drei bis fünf Abrollbehältern (AB) je Trägerfahrzeug ist diese Lösung wirtschaftlich, weil der Unterhalt der Sonderfahrzeuge entfällt. Seit dem ersten Wechselladerfahrzeug, 1980 auf Basis eines Mercedes-Benz 1626 K für die Werkfeuerwehr in Sindelfingen beschafft, werden nur Hakenabrollgeräte eingesetzt. Das Bild rechts zeigt das WLF im Ursprungszustand.
Mit Ladekran und/oder Seilwinde ausgestattet, können die Wechselladerfahrzeuge für technische Hilfeleistungen genutzt werden. Die Mehrzahl der Wechselladerfahrzeuge basiert nutzlastbedingt auf dreiachsigen Fahrgestellen, bei denen zur Erhöhung der Wendigkeit in der Regel gelenkte Nachlaufachsen verbaut sind. Bei der Werkfeuerwehr in Rastatt wird ein Dreiachs-WLF auf Actros-Allrad-Fahrgestell verwendet, um im Rahmen der Rhein-Hochwasserhilfe überörtlich in der Nachbarschaftshilfe unterstützen zu können. Dessen baugleiches Schwesterfahrzeug ist seit Juli 2024 rheinabwärts in Düsseldorf im Einsatzdienst. Und es existieren fünf WLF auf Vierachs-Fahrgestellen, von denen vier Fahrzeuge mit einem besonders leistungsfähigen Ladekran ausgestattet sind.

Werkfeuerwehr Mercedes-Benz Hamburg — WLF

Deutschland / PKW-Aggregatewerk

Mercedes-Benz Sprinter 516 CDI
163 PS/115 kW, zGM 5 t,
Baujahr 2014, in Dienst:
2014-2022 Bremen
seit 2022 Hamburg
(mit alter Zulassung)

Aufbau Marrel/Schutz Fahrzeugbau:
Bild: AB Transport

Hinweis: Das kleinste Wechselladerfahrzeug der Mercedes-Benz Werkfeuerwehren wird in Beschriftung und Beladung noch aktualisiert.

Werkfeuerwehr Mercedes-Benz Germersheim — WLF

Deutschland / Global Logistics Center

Mercedes-Benz Actros 1831 LL
313 PS/230 kW, zGM 18 t
Vollluftfederung,
Baujahr 2002, in Dienst:
2002-2021 Sindelfingen,
seit 2021 Germersheim

Aufbau Atlas: Seilwinde Rotzler (Zugkraft vorne 50 kN, hinten 100 kN)

Das Fahrzeug dient zum Transport der mobilen Atemschutzübungsstrecke zu den Werkfeuerwehr-Standorten der deutschen PKW-Werke.

Werkfeuerwehr Mercedes-Benz Düsseldorf — WLF

Deutschland / Transporter-Montagewerk

Mercedes-Benz Actros 3336 AK 6x6
360 PS/265 kW, zGM 25 t
Allradantrieb permanent
Baujahr 2005, in Dienst:
2005-2024 Rastatt,
seit 2024 Düsseldorf.

Aufbau Meiller:
Das Wechselladersystem startete mit der Übernahme dieses Fahrzeugs im Sommer 2024. Die Mulde als erster Abrollbehälter dient zum Transport des **LUF 60** (Löschunterstützungsfahrzeug): John Deere 4-Zyl.-Dieselmotor 140 PS/104 kW, hydrostatischer Antrieb des Raupenfahrwerks, des Hauptlüfters (35 kW, Volumenstrom 90.000 m^3/h) und des Zusatzlüfters »Power Blower« (70 kW, Volumenstrom 120.000 m^3/h), sowie der Kreiselpumpe (1000-2400 l/min, Wurfweite bis 60 m), Funkfernsteuerung bis 300 m Reichweite.

Werkfeuerwehr Mercedes-Benz Rastatt — WLF

Deutschland / PKW-Montagewerk

Mercedes-Benz Actros 3336 AK 6x6, 360 PS/265 kW, zGM 25 t, Allradantrieb permanent, Baujahr/in Dienst 2006. **Aufbau Meiller**, standardmäßig ist der **AB Gefahrgut** aufgesattelt, der u.a. Auffangbehälter, Abdichtmaterial und Umfüllpumpen enthält.

Bild rechts:
Das Fahrzeug dient zum Transport des
AB Sonderlöschmittel mit:

- 750 kg ABC-Pulver
- 450 kg N_2
- 360 kg CO_2
- Schnellangriff 100 m N_2
- Schnellangriff 100 m CO_2
- Schnellangriff 90 m Pulver
- 7 fahrbaren Pulverlöschern
    - 1x 250 kg ABC
    - 2x P50 ABC
    - 4x P50 D
- 2 fahrbaren Löschern CO_2 KS60
- 3 fahrbaren Löschern N_2 50 kg

Werkfeuerwehr Daimler Truck Wörth

WLF-Kran

Deutschland / LKW-Montagewerk

Mercedes-Benz Axor 2528 L 6x2/4, 279 PS/205 kW, zGM 25 t, Automatikgetriebe, Luftfederung an Hinterachse und gelenkter Nachlaufachse, Baujahr/in Dienst 2005. **Aufbau Palfinger,** Palfinger-Ladekran PK 20002, Hubkraft max. 4,5 t bei 4 m Ausladung, bei max. Ausladung von 16 m noch 0,7 t, HPC-Seilwinde Zugkraft 80 kN Das Bild oben zeigt das WLF mit dem **AB Mulde** zum Transport von Material, das Bild unten mit dem **AB Logistik** zum Transport von Rollcontainern mit Ausrüstung für technische Hilfeleistungen und Umweltschutzeinsätze.

Bild rechts:

Das WLF-Tandem der Werkfeuerwehr in Wörth im März 2024.

Werk Bremen

Werkfeuerwehr Mercedes-Benz Bremen — WLF-Kran

Deutschland / PKW-Montagewerk

Mercedes-Benz Actros 2550 L 6x2/4, V8-Motor 503 PS/370 kW, zGM 25 t, Luftfederung an Antriebs- und gelenkter Nachlaufachse, niedrige Rahmenhöhe, Baujahr 2006, in Dienst: 2007-2020 Sindelfingen, seit 2020 Bremen. **Aufbau** Palfinger, Ladekran (Hubkraft max. 8 t, bei max. Reichweite 12,2 m noch 1,9 t), Kran-Seilwinde 23 kN, Seilwinde Rotzler (Zugkraft vorne 50 kN, hinten 100 kN).
Bild: AB Havarie, der AB dient zum Transport von havarierten PKW-Batterien.

Generationswechsel (15), ***Werkfeuerwehr Mercedes-Benz Sindelfingen****: Das obige Fahrzeug wurde bei der Werkfeuerwehr in Sindelfingen Anfang 2020 durch einen vierachsigen Mercedes-Benz Arocs 3253 L 8x2/6 abgelöst und danach von der Werkfeuerwehr in Bremen in den Einsatzdienst übernommen.*

Werkfeuerwehr Daimler Truck Gaggenau

WLF

Deutschland / LKW-Aggregatewerk

Mercedes-Benz Actros 2541 L 6x2/4, 408 PS/300 kW, zGM 25 t, Luftfederung an Hinterachse und gelenkter, liftbarer Nachlaufachse, Baujahr/in Dienst 2007.

Palfinger-Hakenabrollaufbau Palift T20 Telescopic, Hubkraft 20 t, standardmäßig aufgesattelt ist der **AB Sonderlöschmittel**:

- Pulverlöschanlage 750 kg BC-Pulver, 2x 30 m-Schnellangriff
- Löschanlage 450 kg CO_2 (9 Flaschen je 50 kg) mit 100 m Schnellangriff
- Rollwagen mit 50 kg BC-Pulver, 50 kg D-Pulver, 2x 12 kg ABC-Pulverlöscher, 2x 5 kg CO_2-Löscher
- Rollwagen mit CO_2-Löschanlage, 135 kg (9 Flaschen je 15 kg), 30 m Schnellangriff
- Schaummitteltank 2000 l Moussol FF3/6 Schaummittel
- Schaumzumischanlage FireDos 2500 l 3%, Schaummittelpumpe
- 2 Hitzeschutzanzüge, Be- und Entlüftungsgerät

***Bild rechts:** Das WLF-Tandem der Werkfeuerwehr in Gaggenau im September 2023.*

Werkfeuerwehr Daimler Truck Gaggenau — WLF

Deutschland / LKW-Aggregatewerk

Mercedes-Benz Actros 2541 L 6x2/4, 408 PS/300 kW, zGM 25 t, Luftfederung an Hinterachse und gelenkter, liftbarer Nachlaufachse, Baujahr/in Dienst 2012.
Palfinger-Hakenabrollaufbau Palift T20 Telescopic, Hubkraft 20 t; es ist kein Abrollbehälter (AB) standardmäßig aufgesattelt, das Trägerfahrzeug ist für den AB Rüst/Umwelt und den AB Lüfter vorgesehen (siehe Bilder).
Ausrüstung AB Lüfter: GEKO-Stromerzeuger 130 kVA, Antrieb mit Deutz-Dieselmotor (128 kW), HELIOS-Axialventilator, Durchmesser 1800 mm, Luftleistung 252.500 m^3/h, Wasservernebelung (35 m Wurfweite) bis 1000 l/min, je 1 Lichtmast vorne/hinten je 2x 2000 W, 4 m Lichtpunkthöhe, Stromerzeuger 8 kVA, 2 tragbare Motor-Drucklüfter LLADLR M1260, Luftleistung 71.800 m^3/h.

Bild rechts: Ansicht des AB Lüfter im einsatzbereiten Zustand.

Werkfeuerwehr Mercedes-Benz Sindelfingen — WLF

Deutschland / PKW-Montagewerk

Mercedes-Benz Antos 1843 LL, 428 PS/315 kW, zGM 18 t, Vollluftfederung, niedrige Rahmenhöhe, Baujahr/in Dienst 2015. **Aufbau Palfinger**, Bild: **AB Umweltschutz (**Schmitz) ist standardmäßig aufgesattelt, u.a. mit Umfüll- und Gefahrgutpumpen, Falt-Auffangbehälter (50 m^3), Auffangwannen, Dichtkissen, Bindemittel.

Zur Indienststellung des neuen Fahrzeugs stellten sich im Februar 2020 die drei WLF der ***Werkfeuerwehr Mercedes-Benz Sindelfingen*** *zum Gruppenbild auf. Dies sind v.l.n.r. das neue WLF 2 Mercedes-Benz Arocs 3253 L 8x2/6, das WLF 1 Mercedes-Benz Antos 2648 LL 6x2/4, sowie das WLF 3 Mercedes-Benz Antos 1843 LL.*

Werkfeuerwehr Mercedes-Benz Sindelfingen — WLF

Deutschland / PKW-Montagewerk

Mercedes-Benz Antos 2648 LL 6x2/4, 476 PS/350 kW, zGM 26 t, Vollluftfederung, gelenkte Nachlaufachse, Baujahr 2016 / in Dienst 2017. **Aufbau Palfinger**, Bild: **AB Lüfter 3**, u.a. mit 2 Stromerzeugern 13 kVA, 2 Tempest-Lüftern BD27, Be- und Entlüftungslutten. Im Heckgeräteraum des AB Lüfter wird das LUF 60 transportiert.

LUF 60 (LöschUnterstützungsFahrzeug):

- Raupenfahrzeug mit Turbolüfter zur Unterstützung der Einsatzkräfte z.B. für Löscheinsätze und zur Entrauchung in Hallen und Tiefgaragen
- Funkfernsteuerung mit 300 m Reichweite
- zGM 2,2 t John Deere 4-Zyl-Dieselmotor 140 PS/104 kW
- hydrostatisch angetriebenes Raupenkettenfahrwerk zum Überwinden von Steigungen bis 30° Schräge und Treppenbefahrungen
- Druckerhöhungspumpe 2400 l/min zur Versorgung der Löschfunktion hydrostatisch angetrieben
- neigungsverstellbarer Ventilator 35 kW Antriebsleistung, Volumenstrom 90.000 m³/h, Wasserdurchsatz bis 400 l/min, Wurfweite bis 60 m, bei Schaumzumischung 35 m

Werkfeuerwehr Mercedes-Benz Germersheim

WLF

Deutschland / Global Logistics Center

Mercedes-Benz Arocs 2543 L 6x2/4, 428 PS/315 kW, zGM 25 t, Luftfederung an Antriebsachse und gelenkter Nachlaufachse, Baujahr 2015, in Dienst 2017. **Aufbau Palfinger**, standardmäßig aufgesattelt ist der **AB Großventilator** (Ziegler/Tempest MGV 60) mit Rotor-Durchmesser 1520 mm und Hydrostat-Antrieb, Luftförderleistung 198.000 m^3/h, Deutz-Dieselmotor (63 kW) zur Energieversorgung, Wasservernebelung (35 m Wurfweite), Drucklüfter, Be- und Entlüftungsgerät.
Hinweis: Das Fahrzeug kam nach Nutzung als Vorführfahrzeug im Mercedes-Benz Branchen-Informations-Center (BIC) in Wörth zur Werkfeuerwehr nach Germersheim.

*Die neue Großfahrzeug-Generation der **Werkfeuerwehr Mercedes-Benz Germersheim** präsentierte sich im Mai 2024 dem Fotografen. Dies sind v.l.n.r. das Hilfeleistungslöschfahrzeug (HLF) Mercedes-Benz Antos 1843 LL, die beiden Wechselladerfahrzeuge (WLF) Mercedes-Benz Arocs 2543 L 6x2/4 bzw. Mercedes-Benz Antos 2545 L 6x2/4 sowie der Teleskopmast TM 45 Mercedes-Benz Actros 2546 L 6x2/4.*

Werkfeuerwehr Mercedes-Benz Germersheim **WLF**

Deutschland / Global Logistics Center

Mercedes-Benz Antos 2545 L 6x2/4, 449 PS/330 kW, ZGM 26 t, Luftfederung an Antriebsachse und gelenkter Nachlaufachse, Baujahr Fahrgestell 2018, Baujahr Aufbau/in Dienst 2019. **Aufbau Palfinger**, Hakenanlage Palift mit max. Hubkraft 20 t, Maxwald Heck-Unterbau-Seilwinde (50 kN Zugkraft).
Im Bild oben aufgesattelt ist der **AB Transport** mit Heckladebordwand zum Transport von Material nach Bedarf.

Bild rechts:
Die Maxwald Heck-Unterbau-Seilwinde ist zwischen den Rahmenlängsträgern verbaut. Durch einen modifizierten Schlussquerträger wird das Seil zum Fahrzeugheck herausgeführt. Das System bietet eine bauraumsparende Alternative zu anderen Seilwindenbauarten.
Auch die beiden WLF der Werkfeuerwehr in Untertürkheim in der Feuerwache Mettingen sind so ausgestattet.

Werkfeuerwehr Mercedes-Benz Untertürkheim WLF

Deutschland / PKW-Aggregatewerk, Wache Mettingen

Mercedes-Benz Antos 2545 LL 6x2/4, 449 PS/330 kW, zGM 26 t, Vollluftfederung, gelenkte Nachlaufachse, Baujahr Fahrgestell 2017, Baujahr Aufbau/in Dienst 2019, **Aufbau Palfinger**, Hakenanlage Palift mit max. Hubkraft 20 t, Maxwald Heck-Unterbau-Seilwinde (50 kN Zugkraft).

Standardmäßig aufgesattelt ist der **AB Lüfter** mit LUF 60 (Lösch-Unterstützungs-Fahrzeug) im Heck des AB:

- Raupenfahrzeug mit Turbolüfter für Löscheinsätze und zur Entrauchung von Hallen und Tiefgaragen
- Hydrostatisch angetriebenes Kettenfahrwerk zum Überwinden von Treppen und Steigungen bis 30° Schräge
- Hydrostatisch angetriebene Druckerhöhungspumpe mit 2400 l/min zur Versorgung der Löschfunktion
- neigungsverstellbarer Ventilator 35 kW Antriebsleistung
- Volumenstrom 90000 m^3/h, Wasserdurchsatz bis 400 l/min, Wurfweite bis 60 m, bei Schaumzumischung 35 m
- Funkfernsteuerung mit 300 m Reichweite
- zGM 2,2 t
- John Deere 4-Zyl-Dieselmotor 140 PS/104 kW

Werkfeuerwehr Mercedes-Benz Untertürkheim — WLF

Deutschland / PKW-Aggregatewerk, Wache Mettingen

Mercedes-Benz Antos 2545 LL 6x2/4, 449 PS/330 kW, zGM 26 t, Vollluftfederung, gelenkte Nachlaufachse, Baujahr Fahrgestell 2018, Baujahr **Aufbau**/In Dienst 2019, **Aufbau Palfinger**, Hakenanlage Palift mit max. Hubkraft 20 t, Maxwald Heck-Unterbau-Seilwinde (50 kN Zugkraft)
Bild oben: **AB LIB (Lithium-Ionen-Bergebehälter)** mit Gabelstapler und Berge-Transportbehälter für havarierte Batterien

Bild rechts:
Es steht ein **AB Hochvolt** zur Verfügung, in dem Hochvolt-Batterien gelöscht bzw. gekühlt werden können. Der AB dient zusätzlich als Löschwasserpuffer und zum Transport des zweiten LUF (Seite 102).

Werkfeuerwehr Mercedes-Benz Untertürkheim **WLF**

Deutschland / PKW-Aggregatewerk, Wache Untertürkheim

Mercedes-Benz Actros 2545 LL 6x2/4, 449 PS/330 kW, zGM 26 t, Vollluftfederung, gelenkte Nachlaufachse, Baujahr 2022, in Dienst 2023, **Aufbau Palfinger**, Hakenanlage Palift mit max. Hubkraft 20 t
Bild: Standardmäßig aufgesattelt ist der **AB TH/U (Technische Hilfeleistung/ Umweltschutz):** Lichtmast 4x 35 W, 6 m Höhe, LKW-Rettungsplattform, 16x CSA, Faltzelt Hexatent 24 qm. Ausrüstung in **Rollcontainern: Hydraulik** (Büffelwinde 10 t), **Pneumatik** (Minihebekissen), **VU** (Hydraulikaggregat, Schere, Spreizer, Rettungszylinder, Stab-Fast), **Strom/Beleuchtung** (Stromerzeuger, Power-Moon, LED-Flächenstrahler), **Abdichten** (Verschlüsse, Dichtkissen/-lanze), **Auffangen** (Edelstahlwanne/-mulden, aufblasbare Auffangwanne, Faltbehälter), **Pumpen/ Umfüllen** (ELRO-Schlauch-, Mast-Kreisel-, Fass-, Handmembranpumpe), **Dekon** (Dusche, Spritzbrause, 2 Großbehälter 220 l), **Spezielle Geräte** (Akku-Trennschleifer, -Kettensäge, Motortrennschleifer, Rettungssäge TwinSaw).

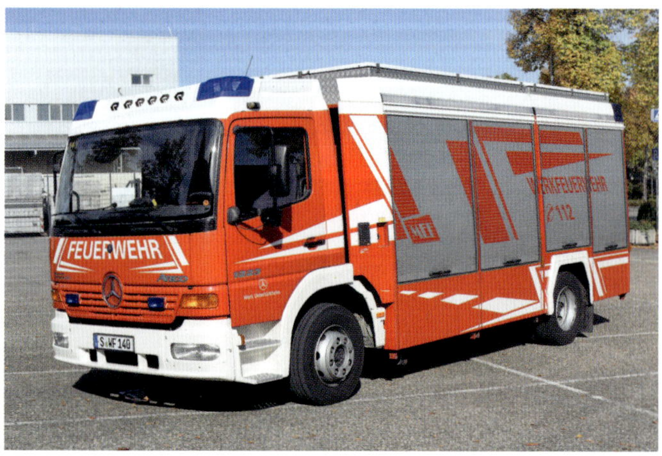

*Generationswechsel (16), **Werkfeuerwehr Mercedes-Benz Untertürkheim:** Das Medieneinsatzfahrzeug (MEF) auf dem Mercedes-Benz Atego 1223 F aus dem Jahr 2000 stand im Herbst 2023 zum letzten Mal als Fotomodell zur Verfügung, nachdem das oben gezeigte WLF auf dem Mercedes-Benz Actros incl. AB TH/U als vollwertiger technischer Ersatz im Sommer 2023 in Dienst gestellt worden war.*

Werkfeuerwehr Daimler Truck Mannheim WLF

Deutschland / LKW-Motorenwerk, Bus-Montagewerk

Mercedes-Benz Antos 2551 L 6x2/4, 510 PS/375 kW, zGM 25 t, Luftfederung an Antriebs- und gelenkter, liftbarer Nachlaufachse, Baujahr/in Dienst 2019, **Aufbau Palfinger,** Hakenanlage Palift mit max. Hubkraft 20 t, standardmäßig ist der **AB Großlüfter** aufgesattelt (Bild oben): Fabrikat BIG MGV S60, Leistung 230.000 m³/h, Deutz-Dieselmotor (63 kW) zur Energieversorgung, Hubvorrichtung mit 3 m Lifthöhe, Wasservernebelung möglich 300 l/min, Lichtmast an Aufbaufront, Hochdrucklüfter mobil

Bild rechts:
Es steht ein **AB Hochvolt** zur Verfügung, in dem Hochvolt-Batterien gelöscht bzw. gekühlt werden können (siehe Logo).

Der Abrollbehälter kann auch als Löschwasserpuffer genutzt werden.

Werkfeuerwehr Mercedes-Benz Rastatt

WLF

Deutschland / PKW-Montagewerk

Mercedes-Benz Arocs 2545 L 6x4/4 HAD, 449 PS/330 kW, zGM 26 t, Luftfederung an Antriebs- und gelenkter Nachlaufachse, hydrostatischer Antrieb der Vorderachse zur Traktionsverbesserung bis zu einer Geschwindigkeit von 30 km/h, Baujahr/in Dienst 2023, **Aufbau Meiller**, standardmäßig aufgesattelt ist der **AB Großventilator** (Ziegler/Tempest MGV 60), Luftförderleistung 198.000 m³/h, bei Wasservernebelung Wurfweite 35 m, Deutz-Dieselmotor (63 kW) mit Generator zur Energieversorgung, 2 Lichtmaste je 4x 1000 W Halogen.

Bild rechts:

Blick auf den Bedienstand des Lüfterantriebs. Als Ausrüstung sind im Abrollbehälter verlastet:

- Eisemann Stromerzeuger 13 kVA
- Kabeltrommeln
- Werkzeug
- 2 Powermoon HQI-Leuchten je 4000 Watt
- 2 Hale Hochdrucklüfter mobil, Luftförderleistung je 50.000 m³/h mit Verbrennungsmotor

Werkfeuerwehr Mercedes-Benz Rastatt

WLF-Kran

Deutschland / PKW-Montagewerk

Mercedes-Benz Arocs 3253 L 8x2/6, 530 PS/390 kW, zGM 34 t, Luftfederung an Antriebs- und gelenkter Nachlaufachse, Baujahr 2023/2024, in Dienst 2024, **Aufbau Palfinger**, Hakenanlage Palift T20, max. Hubkraft 20 t, Ladekran Palfinger PK 580 TEC E mit 5-fach-Abstützung, max. Hubkraft 17,7 t, max. Reichweite 16 m mit Sechsfachausschub, dann noch 2,6 t Hubkraft, Seilwinde am Kran-Knickarm mit 3,5 t Seilkraft und 66 m Seillänge. Standardmäßig ist der **AB Hochvolt** aufgesattelt.

Bild rechts:
Im **AB Hochvolt** können Elektrofahrzeuge oder Hochvolt-Batterien gelöscht bzw. gekühlt werden (siehe Logo).

Der Abrollbehälter kann auch als Löschwasserpuffer genutzt werden.

Betriebsfeuerwehr Mercedes-Benz Berlin

WLF-Kran

Deutschland / PKW-Aggregatewerk

Mercedes-Benz Arocs 3448 L 8x2/6, 476 PS/350 kW, zGM 32 t (technisch 34 t), Luftfederung an Antriebs- und gelenkter, liftbarer Nachlaufachse, Baujahr Fahrgestell 2017, Aufbau 2018/2019, in Dienst 2019, **Aufbau Palfinger,** Ladekran PK42002 mit 4-fach-Abstützung, max. Hubkraft 12 t, max. Reichweite 28 m, Hakenanlage Palift T20 Telescopic, max. Hubkraft 20 t, Rotzler Seilwinde (Zugkraft 50 kN nach vorn, 100 kN nach hinten), sonst. Ausrüstung u.a. 6 Verkehrsleitkegel, Absturzsicherung, Besen, Leiter.

Bild oben: Als Standard ist der AB Schaummittel aufgesattelt mit 4 IBC je 1000 l Schaummittel und einer Tragkraftspritze PFPN 10-1000 zur Einspeisung des Schaummittels in stationäre Löschanlagen.

Bild rechts: Ansicht des WLF kurz nach der Indienststellung noch ohne Beschriftung im Jahr 2019. Das Fahrzeug trägt den AB Mulde, der zum Löschen bzw. Kühlen von Elektro-PKW und als Löschwasserpuffer dient.

Werkfeuerwehr Mercedes-Benz Sindelfingen — WLF-Kran

Deutschland / PKW-Montagewerk

Mercedes-Benz Arocs 3253 L 8x2/6, 530 PS/390 kW, zGM 32 t, Luftfederung an Antriebs- und gelenkter Nachlaufachse, Baujahr 2019, in Dienst 2020, **Aufbau Palfinger**, Ladekran PK65002 mit 5-fach-Abstützung, max. Hubkraft 22 t, max. Reichweite 25,1 m mit Sechsfachausschub, Hakenanlage Pallft T20 Telescopic, max. Hubkraft 20 t, Rotzler Seilwinde TR030 Fire, 90 m Seillänge, Zugkraft 50 kN nach vorn, 100 kN nach hinten, zusätzliche Seilwinde am Kran-Knickarm mit 3,5 t Seilkraft und 66 m Seillänge.

Die Bilder zeigen das WLF mit dem **AB Hilfeleistung**, der standardmäßig aufgesattelt ist.
Ausrüstung u.a.

- Unterbaumaterial
- Plasmaschneidgerät
- Stromaggregat 18 kVA
- Lichtmast 2x 1000 W
- Beleuchtungsgerät »power moon«

Werkfeuerwehr PTZ Immendingen

WLF-Kran

Deutschland / PKW-Prüf- und Technologiezentrum

Mercedes-Benz Arocs 3753 L 8x4/6 HAD, 530 PS/390 kW, zGM 32 t (technisch 37 t), Luftfederung an Antriebs- und gelenkter, liftbarer Nachlaufachse, zuschaltbarer hydrostatischer Antrieb der 2. Vorderachse zur Traktionsverbesserung bis zu einer Geschwindigkeit von 30 km/h, Baujahr/in Dienst 2024. **Aufbau Walser**, Palfinger Ladekran PK 300 TEC mit 4-fach-Abstützung, max. Hubkraft 10 t, max. Reichweite 21,8 m mit Sechsfachausschub, Hakenabrollanlage Palift T20 Telescopic, max. Hubkraft 20 t, Rotzler Seilwinde TR030 Fire, 65 m Seillänge, Zugkraft 50 kN nach vorn.

Bild rechts:
Das System der Abrollbehälter ist im Aufbau. Auf den Bildern trägt das Fahrzeug keinen Abrollbehälter, weil die Fotos im Oktober 2024 beim Aufbauhersteller entstanden sind.

Werkfeuerwehr Daimler Truck Wörth

WLF

Deutschland / LKW-Montagewerk

Mercedes-Benz Econic 3235 LL 8x4/4 NLA, 354 PS/260 kW, zGM 32 t, Vollluftfederung, Automatikgetriebe, gelenkte Nachlaufachse, Baujahr/in Dienst 2023, **Aufbau Palfinger**, standardmäßig aufgesattelt ist der **AB Belüftung** mit Großlüfter MGV (120.000 m³/h Volumenstrom), mehreren Rollcontainern mit Elektrolüftern und einem LUF 60 (Löschunterstützungsfahrzeug, zGM 2,2 t, John Deere 4-Zyl.-Dieselmotor 140 PS/104 kW):

- Raupenfahrzeug mit Turbolüfter für Löscheinsätze und zur Entrauchung von Hallen und Tiefgaragen
- Hydrostatisch angetriebenes Kettenfahrwerk zum Überwinden von Treppen und Steigungen bis 30° Schräge
- Hydrostatisch angetriebene Druckerhöhungspumpe 3000 l/min zur Versorgung der Löschfunktion
- neigungsverstellbarer Ventilator 35 kW Antriebsleistung, Volumenstrom 90.000 m³/h
- Wasserdurchsatz bis 400 l/min, Wurfweite bis 60 m, bei Schaumzumischung 35 m
- Schaum-/Wasserwerfer in Lüftermitte Leistung 3000 l/min
- Seilwinde mit 3 t Zugkraft
- Funkfernsteuerung mit 300 m Reichweite

*Bei der **Werkfeuerwehr Mercedes-Benz Untertürkheim** stehen seit Sommer 2019 zwei Wechselladerfahrzeuge auf Basis des Mercedes-Benz Antos 2545 LL 6x2/4 in der Wache Mettingen und seit Frühjahr 2023 ein Mercedes-Benz Actros 2545 LL 6x2/4 in der Wache Untertürkheim zum Einsatz bereit. Das Bild zeigt die drei WLF im Sommer 2023 mit den zum Zeitpunkt der Aufnahme standardmäßig aufgesattelten Abrollbehältern (AB). Dies sind rechts im Bild das WLF 1 mit dem AB Lüfter, in der Mitte das WLF 2 mit dem AB LIP (Bergebehälter für havarierte Lithium-Ionen-Batterien) und links im Bild das WLF 3 mit dem AB Technische Hilfe /Umweltschutz.*

*Generationswechsel (17), **Werkfeuerwehr Mercedes-Benz Germersheim.** Die aktuellen bzw. ehemaligen Wechselladerfahrzeuge sind über Organisationsgrenzen im Einsatz. Zu sehen sind v.l.n.r.:*
Das ehemalige WLF der Werkfeuerwehr in Sindelfingen auf Mercedes-Benz 2638 6x4 von 1996, das von Ende 2015 bis Herbst 2019 in Germersheim stationiert war, daneben sein direkter Nachfolger auf Mercedes-Benz Antos 2545 L 6x2/4 von 2019 sowie der Mercedes-Benz Arocs 2543 L 6x2/4 von 2015 mit seinem Vorgänger, dem Actros 3341 AE 6x6 von 2004, der Ende 2016 an den THW-Ortsverband Landau übergeben, dort in Eigenregie überarbeitet wurde und seit Ende 2018 in Ultramarinblau seinen Dienst versieht.

Mannschaftstransportfahrzeuge

Bei den Mercedes-Benz-Werkfeuerwehren sind **Mannschaftstransportfahrzeuge (MTF)** oder **Mannschaftstransportwagen (MTW)** im Einsatz, die zum Transport der Einsatzkräfte auf Basis wendiger Transporter unterschiedlicher Größe vorgehalten werden. Um die Fuhrparks der Werkfeuerwehren wirtschaftlich klein zu halten, bieten einzelne MTF/MTW zusätzlich zum Transport der Einsatzkräfte auch die Möglichkeit zum Transport von Material in abgetrennten Laderäumen und/oder herausnehmbare Sitzbänke zur Vergrößerung des Geräteraumes. Diese bilden dann als **Mehrzweckfahrzeug (MZF)** einen Mix zwischen Mannschaftstransport- und Gerätewagen, werden jedoch in diesem Kapitel vorgestellt, weil die Hauptaufgabe der Personentransport ist.

Werkfeuerwehr Mercedes-Benz Rastatt — MTW

Deutschland / PKW-Montagewerk

Mercedes-Benz Vito 119 CDI, 190 PS/140 kW, zGM 3 t, Baujahr/in Dienst 2022
Ausstattung: Funkausstattung, Feuerlöscher, 8 Sitzplätze, Stauraum für persönliche Schutzausrüstung

Werkfeuerwehr Mercedes-Benz Düsseldorf — MZF

Deutschland / Transporter-Montagewerk

Mercedes-Benz Vito 113 CDI
129 PS/95 kW, zGM 2,7 t
Baujahr 2014 als MTF
Umbau/in Dienst 2017 als MZF

Ausstattung:
- 4 Sitzplätze
- Einsatzunterlagen
- Funktisch
- Blitzleuchten
- Verkehrsleitkegel
- Feuerlöscher

Betriebsfeuerwehr Mercedes-Benz Berlin — MTF

Deutschland / PKW-Aggregatewerk

Mercedes-Benz
Sprinter 318 CDI
184 PS/135 kW, zGM 3,5 t
Baujahr 2006
Umbau zum Feuerwehrfahrzeug/
in Dienst 2010

Ausstattung:
- 8 Sitzplätze
- Funkgerät
- Feuerlöscher

Werkfeuerwehr Mercedes-Benz Sindelfingen — MTW

Deutschland / PKW-Montagewerk

Mercedes-Benz Sprinter 319 CDI
190 PS/140 kW, zGM 3,5 t
Baujahr/in Dienst 2015

Ausstattung:
- 8 Sitzplätze
- Feuerlöscher

Werkfeuerwehr Mercedes-Benz Ludwigsfelde — MZF

Deutschland / Transporter-Montagewerk

Mercedes-Benz Sprinter 313 CDI
129 PS/95 kW, zGM 3,5 t
Baujahr/in Dienst 2016

Eigenausbau Werkfeuerwehr:
- 5 Sitzplätze (2 vorn, 3 im Fahrgastabteil)
- Handleuchte
- Rettungsrucksack
- Feuerlöscher Pulver
- Heck-Stauraum für Beladung nach Bedarf, Vergrößerung durch Vorschieben der 3er-Sitzbank möglich

Das Fahrzeug wird als Zugfahrzeug für den FwA Lüfter mit BIG MGV L125 (125.000 m³/h) eingesetzt.

Werkfeuerwehr Daimler Truck Gaggenau

MTW

Deutschland / LKW-Aggregatewerk

Mercedes-Benz
Sprinter 319 CDI
190 PS/140 kW, zGM 3,5 t
Baujahr/in Dienst 2018

Ausbau Compoint:

- 7 Sitzplätze (2 vorne, 2+3 im Fahrgastabteil)
- Funkausrüstung
- Handleuchte
- Rettungsrucksack
- Feuerlöscher Pulver
- Heck-Stauraum für Beladung nach Bedarf

Werkfeuerwehr Daimler Truck Gaggenau: *Das GTLF 50/80-5 auf Mercedes-Benz Antos 2851 L 6x2/4 (Bildmitte) und der MTW auf Mercedes-Benz Sprinter 319 CDI (ganz rechts und oben) sind in den Dienst übernommen worden. Inmitten der Werkshallen präsentierte sich der Fuhrpark der Werkfeuerwehr im März 2018 stolz dem Fotografen. Die beiden KdoW im Vordergrund sind mittlerweile durch ihre Nachfolger (Bild Seite 12) abgelöst worden. Diese Perspektive war nur mit Unterstützung der Feuerwehr Gernsbach möglich (Bild Seite 143).*

Rettungsdienstfahrzeuge

Der Rettungsdienst wird in den meisten Werken der Mercedes-Benz AG und der Daimler Truck AG von den Werkfeuerwehren in enger Zusammenarbeit mit den Werksärztlichen Diensten durchgeführt. In Sindelfingen, Wörth und Mannheim besetzen Werkfeuerwehr und Werksärztlicher Dienst gemeinsam die Fahrzeuge, während in Untertürkheim der Werksärztliche Dienst den Rettungsdienst in Eigenregie (Personal/Fahrzeuge) ausübt. Es werden **Rettungswagen (RTW)** genutzt, die in Gaggenau, Mannheim, Sindelfingen, Untertürkheim und Wörth doppelt vorhanden sind. Aus der Gruppe der Rettungswagen sticht das Fahrzeug der Werkfeuerwehr im Prüf- und Technologiezentrum Immendingen hervor, weil der RTW mit permanentem Allradantrieb ausgestattet ist.

Aufgrund der Struktur mit sechs Werksteilen und über 20 Außenstellen ist im Werk Untertürkheim im Werkteil Mettingen ein **Notarzteinsatzfahrzeug (NEF)** und im Werkteil Untertürkheim ein **First-Responder-Fahrzeug (FR)** vorhanden, mit denen die Erstversorgung der Patienten bzw. der Transport des Notarztes im Rendevouz-System sichergestellt wird.

Werksärztlicher Dienst Mercedes-Benz Untertürkheim FR

Deutschland / PKW-Aggregatewerk, Ambulanz Untertürkheim

Mercedes-Benz
B 220 4matic
184 PS/135 kW
Allradantrieb permanent
Baujahr 2018, in Dienst 2019

Ausbau System Strobel:
3 Sitzplätze
Einbauschrank Rückbank rechts:
- Wärmebox Kältebox
- Augennotfallset
- Replantatbox
- Betäubungsmitteltresor
- Verbandmaterial

Heckauszug:
- Zoll Defibrillator mit EKG
- Sauerstoffversorgung Oxy-Bag
- Notfallrucksack
- Kindernotfalltasche

Werksärztlicher Dienst Mercedes-Benz Untertürkheim NEF

Deutschland / PKW-Aggregatewerk, Ambulanz Mettingen

Mercedes-Benz eVito Tourer, max. 150 kW/204 PS, zGM 3,5 t, Baujahr 2024, das Fahrzeug stand zum Redaktionsschluss im Oktober 2024 noch nicht im Einsatzdienst, weil die Zulassung in der Genehmigung war. **Ausbau Binz Ambulanz- und Umwelttechnik:** 3 Sitzplätze, Umfeldbeleuchtung, umfangreiche Funkausrüstung, Einbauschränke mit CoolMatic Kühl- und CoolMatic Heizschrank, Medikamententresor, Beatmungsgerät Weinmann Meduvent, Absaugpumpe Weinmann Accuvac, Corpuls CPR Gerät, Corpuls C3 EKG-/Defibrillator

Generationswechsel (18), ***Werksärztlicher Dienst Mercedes-Benz Untertürkheim:*** *Das oben gezeigte NEF ist der direkte Nachfolger des im Jahr 2014 in Dienst gestellten Fahrzeugs auf Basis eines Mercedes-Benz C 250 T CDI 4matic (204 PS/150 kW, permanenter Allradantrieb) mit Ausbau von System Strobel. Das bisherige NEF war im Oktober 2024 noch im Dienst, weil das neue Fahrzeug auf seine Zulassung wartete.*

Werkfeuerwehr Daimler Truck Wörth — RTW

Deutschland / LKW-Montagewerk

Mercedes-Benz Sprinter 313 CDI
129 PS/95 kW, zGM 3,5 t
Baujahr/in Dienst 2001

Ausbau System Strobel:

- Ferno Fahrtrage mit hydropneumatischer Federung
- Defibrillator mit EKG
- Absauggerät
- Sauerstoffversorgung
- Vakuummatratze
- Notfallkoffer

Werksärztlicher Dienst Daimler Buses Neu-Ulm — RTW

Deutschland / Bus-Montagewerk

Mercedes-Benz Sprinter 313 CDI
129 PS/95 kW, zGM 3,5 t
Baujahr 2004, in Dienst:
2004-2017 Sindelfingen,
2018-2022 Mannheim,
seit 2022 Neu-Ulm

Aufbau System Strobel:

- Stryker Fahrtrage mit hydropneumatischer Federung
- Weinmann Beatmungseinheit
- Accuvac-Absaugung
- Defibrillator mit AED-Funktion
- Fresenius Injektomat
- Vakuummatratze Schaufeltrage Notfallkoffer

Die folgenden fünf RTW der Seiten 132 und 133 stammen aus einer sechs baugleiche Fahrzeuge umfassenden Sammelbeschaffung aus dem Jahr 2007. Der sechste aus dieser Serie stammende RTW der Werkfeuerwehr in Kassel wurde bereits im Jahr 2020 außer Dienst gestellt.

Das Wörther Fahrzeug wurde 2023 neu foliert.

Für alle Fahrzeuge gelten die nachstehend aufgeführten technischen Daten.

Mercedes-Benz Sprinter 518 CDI, 184 PS/135 kW, zGM 5 t, Baujahr/in Dienst 2007
Aufbau Fahrtec: Stryker Fahrtrage (hydropneumatisch gefedert), Stryker Tragestuhl, Defibrillator EKG Medtronic Lifepack, Absauggerät Weinmann Accuvac, Beatmungsgerät Weinmann Medumat, Ferno Rettungskorsett, Notfallrucksack

Werkfeuerwehr Mercedes-Benz Rastatt — RTW

Deutschland / PKW-Montagewerk

Werkfeuerwehr Mercedes-Benz Germersheim — RTW

Deutschland / Global Logistics Center

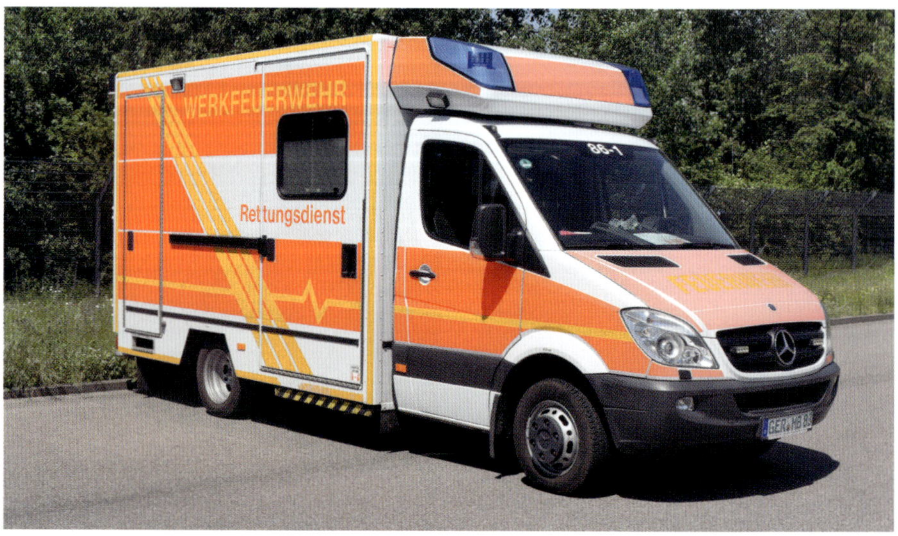

Werkfeuerwehr Daimler Truck Wörth

RTW

Deutschland / LKW-Montagewerk

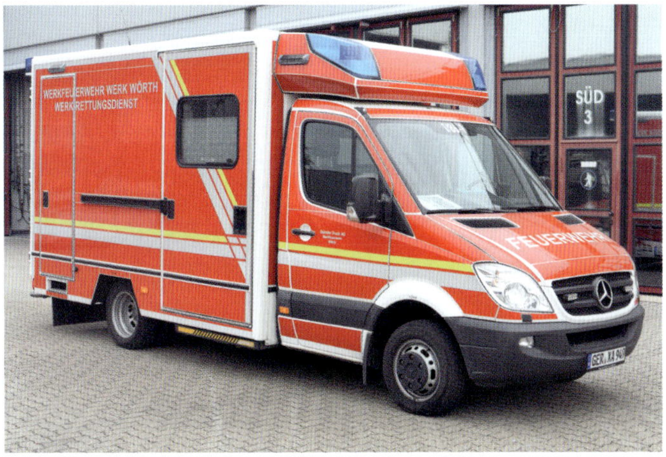

Werkfeuerwehr Daimler Truck Gaggenau

RTW

Deutschland / LKW-Aggregatewerk

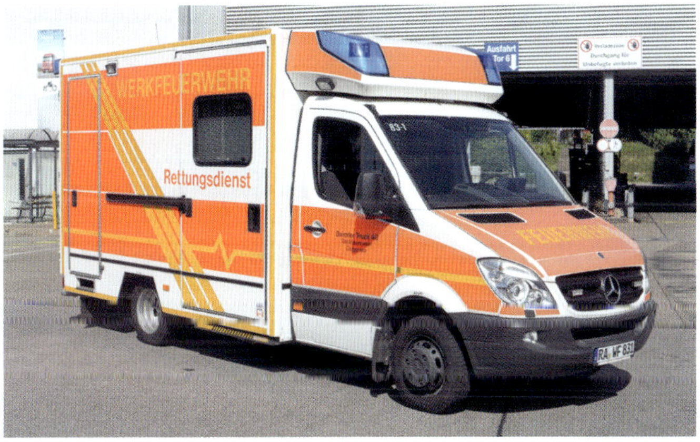

Werksärztlicher Dienst Daimler Truck Mannheim

RTW

Deutschland / LKW-Motorenwerk, Bus-Montagewerk

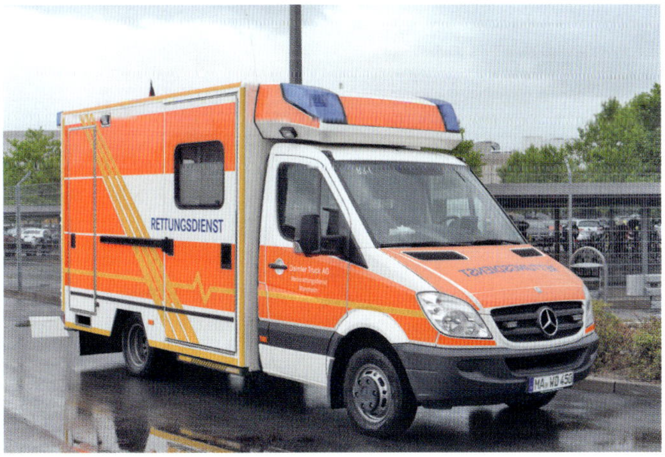

Betriebsfeuerwehr Mercedes-Benz Berlin — RTW

Deutschland / PKW-Aggregatewerk

Mercedes-Benz
Sprinter 515 CDI
150 PS/110 kW, zGM 5 t
Baujahr/in Dienst 2007

Aufbau WAS:

- Ferno Fahrtrage mit hydropneumatischer Federung
- Defibrillator mit EKG
- Beatmungs- und Absauggerät
- Sauerstoffversorgung
- Notfallkoffer
- Vakuummatratze
- Schaufeltrage

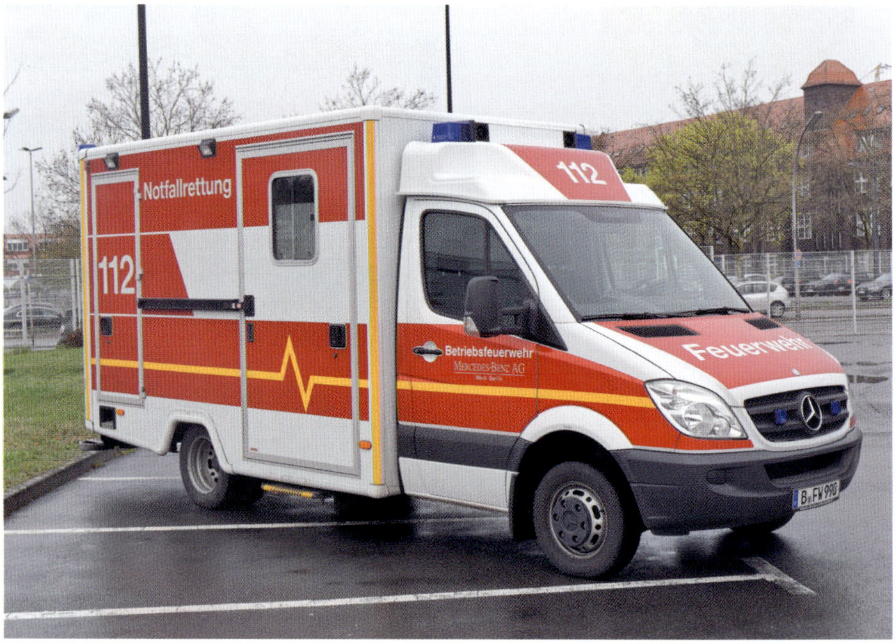

Werkfeuerwehr Daimler Truck Kassel — RTW

Deutschland / LKW-Achsenwerk

Mercedes-Benz
Sprinter 315 CDI
150 PS/110 kW, zGM 3,5 t
Baujahr 2008, in Dienst:
2008-2019 Sindelfingen
seit 2020 Kassel
(mit altem Kennzeichen)

Aufbau System Strobel:

- Zoll Defibrillator mit AED-Funktion
- Weinmann Beatmungseinheit
- Accuvac-Absaugung
- Fresenius Injektomat
- Stryker Tragestuhl mit Treppenraupe
- Stryker Fahrtrage mit hydropneumatischer Federung

Mercedes-Benz Türk A.Ş.
İTFAİYE

Werksärztlicher Dienst Mercedes-Benz Türk Hosdere Ambulans (RTW)

Türkei / Bus-Montagewerk

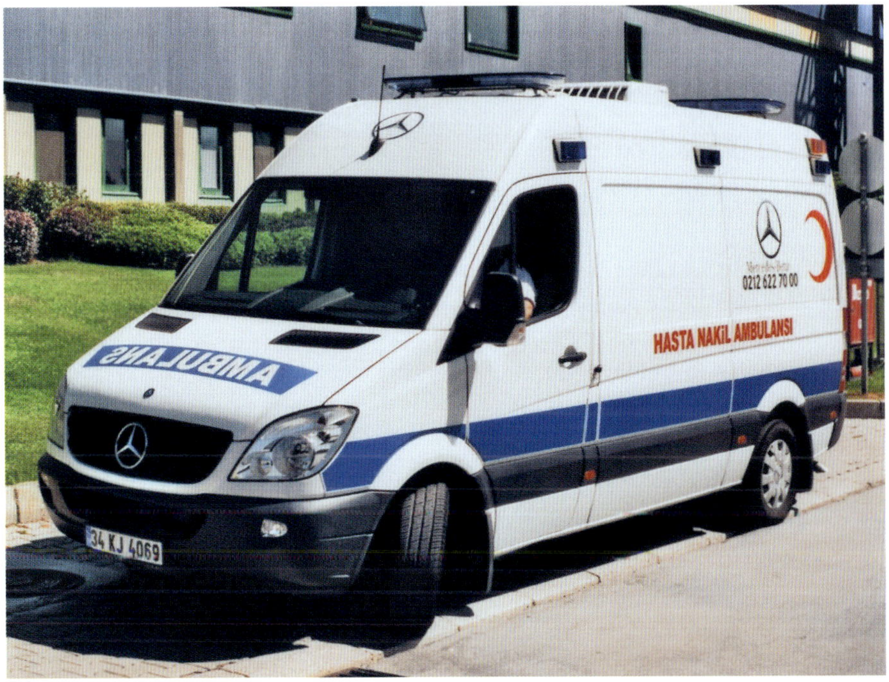

Mercedes-Benz
Sprinter 316 CDI
163 PS/120 kW, zGM 3,5 t
Baujahr/in Dienst 2014

Ausbau EMS Systems:
- Ferno Fahrtrage
- Ferno KED
- Artema Cardio-Aid Defibrillator mit EKG
- Beatmungsgerät tragbar
- Vakuummatratze
- Vakuumset für Knochenbrüche
- Notfalltasche
- Schaufeltrage

Mercedes-Benz Türk A.Ş.
İTFAİYE

Werksärztlicher Dienst Mercedes-Benz Türk Hosdere Ambulans (RTW)

Türkei / Bus-Montagewerk

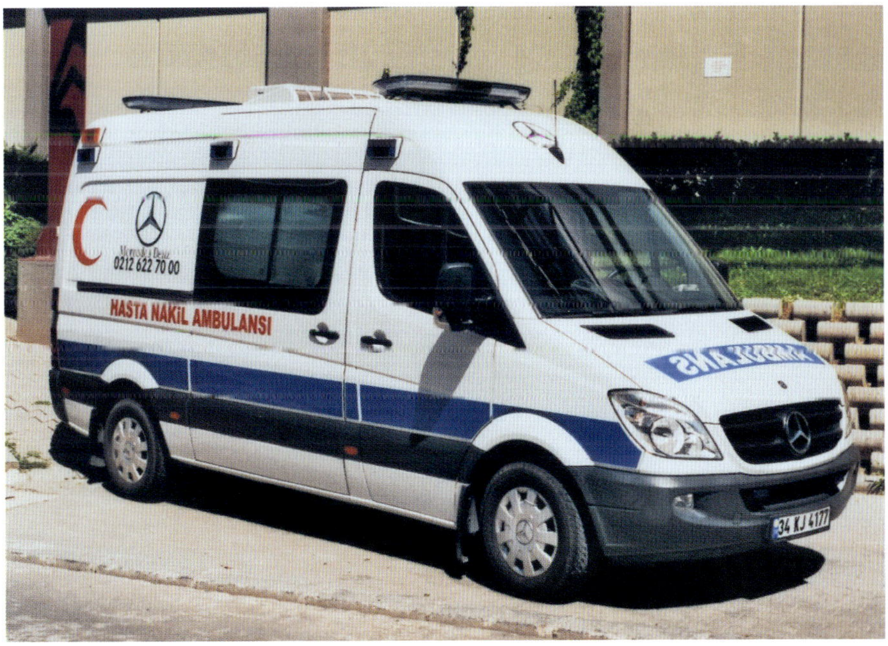

Mercedes-Benz
Sprinter 316 CDI
163 PS/120 kW, zGM 3,5 t
Baujahr/in Dienst 2014

Ausbau EMS Systems:
- Ferno Fahrtrage
- Ferno KED
- Artema Cardio-Aid Defibrillator mit EKG
- Beatmungsgerät tragbar
- Vakuummatratze
- Vakuumset für Knochenbrüche
- Notfalltasche
- Schaufeltrage

Werkfeuerwehr Mercedes-Benz Bremen — RTW

Deutschland / PKW-Montagewerk

Werk Bremen

Mercedes-Benz
Sprinter 519 CDI
190 PS/140 kW, zGM 5 t
Baujahr/in Dienst 2014

Aufbau GSF:

- Stollenwerk Fahrtrage mit hydropneumatischer Federung
- Defibrillator mit EKG
- Beatmungs- und Absauggerät
- Sauerstoffversorgung
- Vakuummatratze
- Notfallrucksack

Werkfeuerwehr Mercedes-Benz Bremen — RTW

Deutschland / PKW-Montagewerk

Werk Bremen

Mercedes-Benz
Sprinter 519 CDI
190 PS/140 kW, zGM 5 t
Baujahr 2015, in Dienst:
2015-2020 Hamburg
seit 2020 Bremen

Aufbau Fahrtec:

- Stollenwerk Krankentragestuhl
- Stollenwerk Fahrtrage
- Absaugung Weinmann Accuvac Pro
- Vakuummatratze
- Ferno Rettungs-KED
- Defibrillator/Patientenmonitor Corpuls 1
- Beatmung Weinmann Medumat Standard 2

Werkfeuerwehr Daimler Truck Gaggenau

RTW

Deutschland / LKW-Aggregatewerk

Mercedes-Benz
Sprinter 519 CDI
190 PS/140 kW, zGM 5 t
Baujahr 2013, in Dienst 2014

Aufbau Fahrtec:

- Stryker Fahrtrage mit hydropneumatischer Federung
- Stryker Tragestuhl
- Ferno KED Rettungskorsett
- Absauggerät Weinmann Accuvac
- Beatmung Weinmann Medumat
- Notfallrucksack
- Defibrillator EKG Medtronic
- Lifepack mit Pulsoximetrie

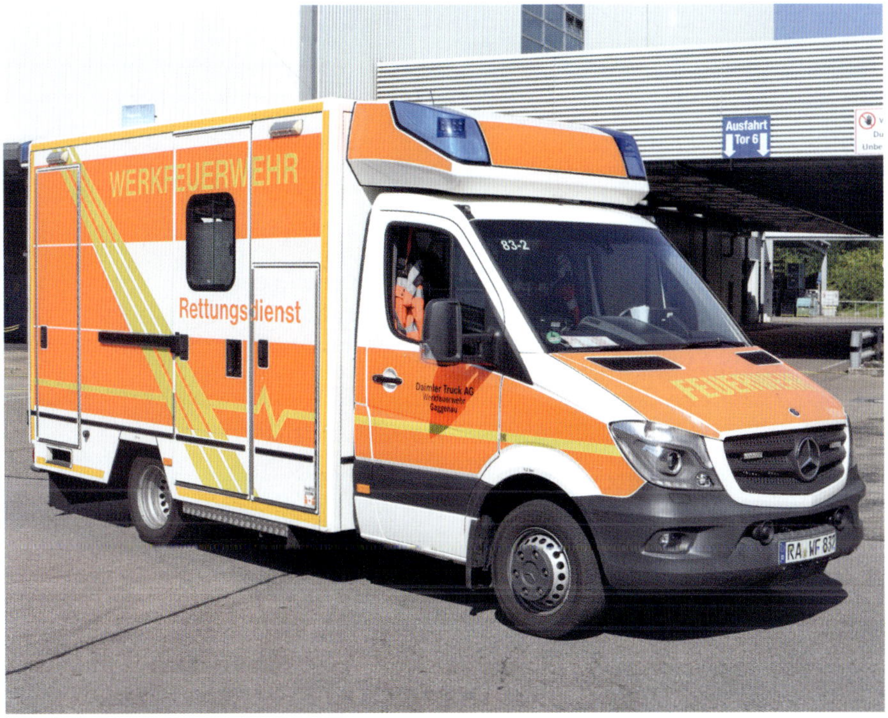

Werkfeuerwehr Mercedes-Benz Türk Aksaray

Ambulans (RTW)

Türkei / LKW-Montagewerk

Mercedes-Benz
Sprinter 316 CDI
163 PS/120 kW, zGM 3,5 t
Baujahr/in Dienst 2018

Ausbau EMS Systems:

- Ferno Fahrtrage
- Artema Cardio-Aid Defibrillator mit EKG
- Beatmungsgerät tragbar
- Absauggerät
- Vakuumset für Knochenbrüche
- Vakuummatratze
- Schaufeltrage
- Notfalltasche

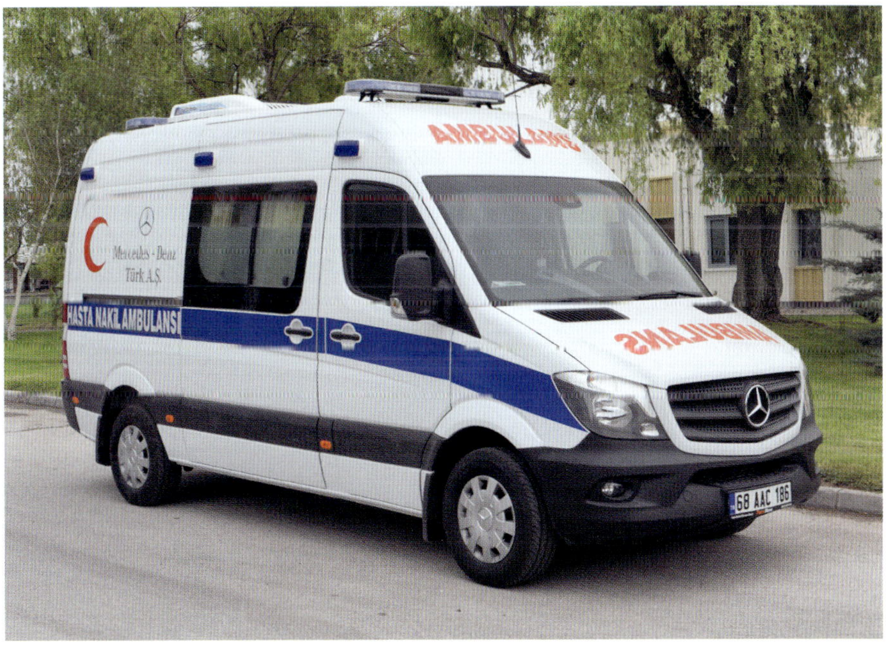

Werksärztlicher Dienst Mercedes-Benz Sindelfingen RTW

Deutschland / PKW-Montagewerk

Mercedes-Benz
Sprinter 519 CDI
190 PS/140 kW, zGM 5 t
Hinterachse luftgefedert
Baujahr 2017, in Dienst 2018

Aufbau System Strobel:

- elektro-hydraulische Stryker Trage Power Pro XT mit PowerLOAD
- Corpuls C3-EKG
- Beatmungsgerät Weinmann Medumat Standard 2
- Fresenius Injektomat 2000-Spritzenpumpe
- Notfallrucksack Notfallkoffer

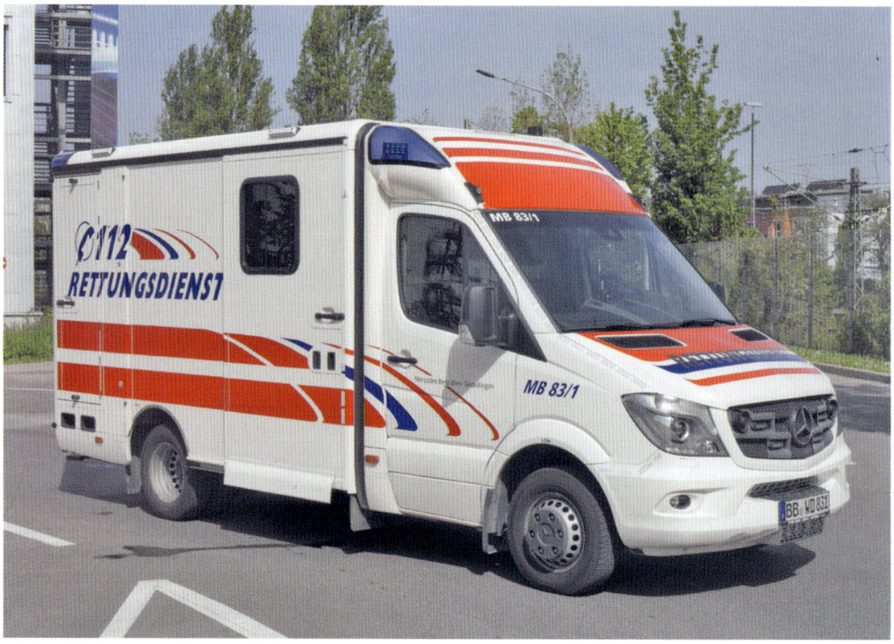

Werkfeuerwehr Mercedes-Benz Düsseldorf RTW

Deutschland / Transporter-Montagewerk

Mercedes-Benz
Sprinter 519 CDI
190 PS/140 kW, zGM 5 t
Hinterachse luftgefedert
Baujahr 2019, in Dienst 2020

Aufbau WAS:

- Stryker Fahrtrage
- Defibrillator mit EKG
- Beatmungs- und Absauggerät
- Sauerstoffversorgung
- Notfallkoffer
- Vakuummatratze
- Schaufeltrage

Werkfeuerwehr PTZ Immendingen — RTW

Deutschland / PKW-Prüf- und Technologiezentrum

Mercedes-Benz
Sprinter 519 BlueTec 4x4
190 PS/140 kW, zGM 5,3 t
Allradantrieb permanent
Baujahr/in Dienst 2018

Aufbau Fahrtec:

- Tragentisch hydropneumatisch gefedert
- Stryker Fahrtrage und Tragestuhl
- Notfallrucksack Kreislauf/Atmung
- Fresenius Braun Injektomat
- Vakuummatratze Combicarrier
- Rettungsgerät Force rescue unit

Werksärztlicher Dienst Mercedes-Benz Sindelfingen — RTW

Deutschland / PKW-Montagewerk

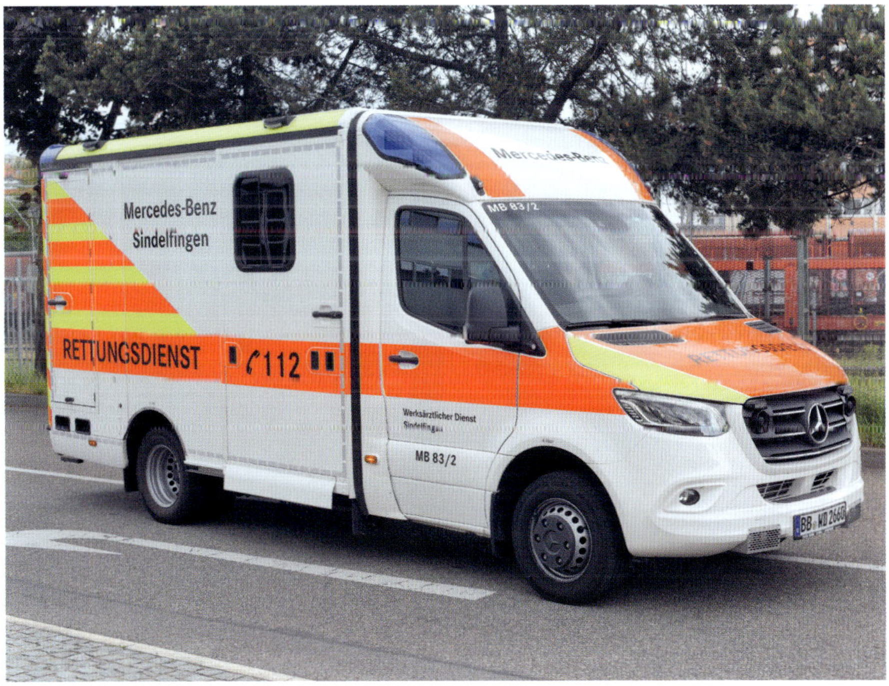

Mercedes-Benz
Sprinter 519 CDI
190 PS/140 kW, zGM 5 t
Hinterachse luftgefedert
Baujahr 2019, in Dienst 2020

Aufbau System Strobel:

- Stryker elektro-hydraulische Trage Power Pro XT mit PowerLOAD
- Corpuls C3-EKG
- Beatmungsgerät Weinmann Medumat Standard 2
- Fresenius Injektomat 2000 Spritzenpumpe
- Notfallrucksack Notfallkoffer

Werkfeuerwehr Mercedes-Benz Jawor — Ambulans (RTW)

Polen / PKW-Motorenwerk

Mercedes-Benz

Mercedes-Benz
Sprinter 313 CDI
129 PS/95 kW, zGM 3,5t
Baujahr/in Dienst 2021

Aufbau Zezsuta:

- Fahrtrage mit hydropneumatisch gefedertem Tragentisch
- EKG mit Defibrillator
- Beatmungs-/Absauggerät
- Rettungsrucksack
- Vakuummatratze
- Sauerstoffversorgung
- Krankentragestuhl

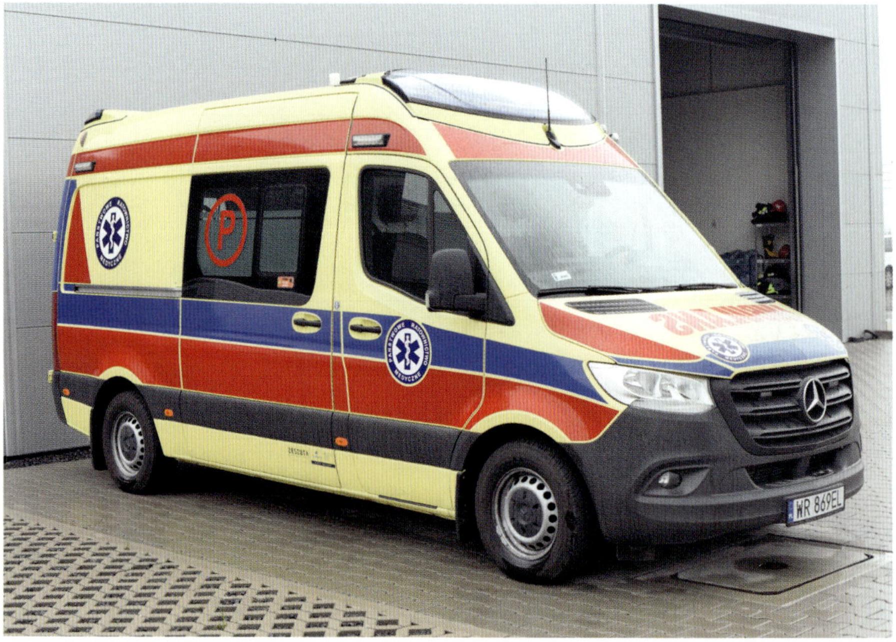

Werksärztlicher Dienst Daimler Truck Mannheim — RTW

Deutschland / LKW-Motorenwerk, Bus-Montagewerk

WERKFEUERWEHR
Daimler Truck AG
WERK MANNHEIM

Mercedes-Benz
Sprinter 519 CDI
190 PS/140 kW, zGM 5,5 t
Hinterachse luftgefedert
Baujahr 2022, in Dienst 2023

Aufbau WAS:

- Fahrtrage Stryker Power Pro XT
- Hebesystem Stryker Powerload
- Treppenstuhl Stryker Stair Pro
- Hoverboard
- Absaugung Weinmann AccuVac Pro
- Vakuummatratze
- Spineboard Schaufeltrage
- EKG mit Defibrillator Corpuls C3 Touch
- Notfallrucksäcke/-taschen: A/B, C/D, Kindernotfall, Flusssäure

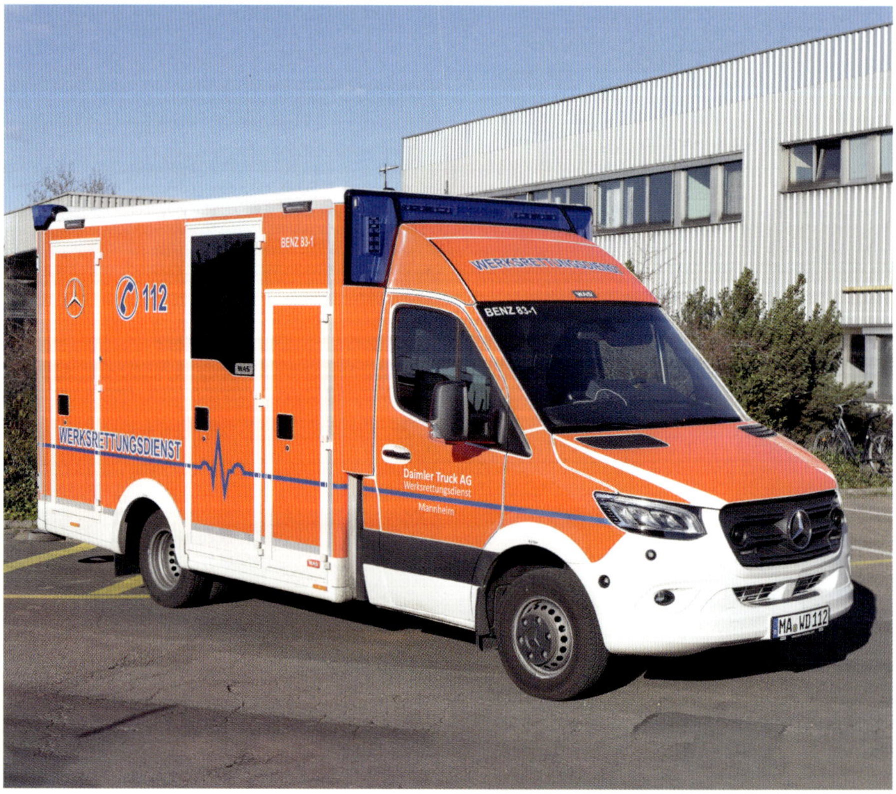

Werksärztlicher Dienst Mercedes-Benz Untertürkheim RTW

Deutschland / PKW-Aggregatewerk, Rettungswache Hedelfingen

Mercedes-Benz Sprinter 519 CDI, 190 PS/140 kW, zGM 5,5t, Hinterachse luftgefedert, Baujahr/in Dienst 2024, **Aufbau System Strobel**: Stryker Fahrtrage, Fresenius Braun Injektomat, Rettungsgerät Force rescue unit, EKG und Defibrillator Corpuls3 Slim, Weinmann Absauggerät Accuvac und Beatmungsgerät Medumat Transport. Der Fahrzeugaufbau trägt die Silhouetten vom Stuttgarter Fernsehturm, vom Mercedes-Benz-Museum und vom Stuttgarter Fußballstadion, das in direkter Nachbarschaft zum Stammwerk Untertürkheim liegt und für einige Jahre Namen mit Markenbezug trug, nämlich Gottlieb-Daimler-Stadion und Mercedes-Benz Arena.

*Generationswechsel (19), **Werksärztlicher Dienst Mercedes-Benz Untertürkheim:** Der oben gezeigte RTW ist das erste von zwei baugleichen Fahrzeugen, mit denen im Jahr 2024 die Vorgänger-Zwillinge auf Basis des Mercedes-Benz Sprinter 519 CDI aus dem Jahr 2017 (Bild rechts) abgelöst wurden. Zum Redaktionsschluss war das zweite Neufahrzeug in der Beschaffung. Da die bisherigen Fahrzeuge zwischen den weitläufig verteilten Werkteilen im Stuttgarter Südosten und durch Einbindung in den regulären Rettungsdienst der Leitstelle Stuttgart erheblichen Fahrleistungen und deutlichem Verschleiß unterliegen, wurden sie nach sieben Jahren im Einsatz ausgetauscht.*

Bild rechts oben:
Alarme von Brandmeldeanlagen werden bei der ***Werkfeuerwehr Mercedes-Benz Sindelfingen*** *in der Formation aus HLF (Mercedes-Benz Antos 1843 LL), KLF (rechts, Mercedes-Benz Vito 119 CDI) und ELW (links, Mercedes-Benz Sprinter 319 CDI) bearbeitet, wobei der ELW nur bedarfsweise ausrückt.*

Bild rechts Mitte:
Die Fahrzeuge werden nach Einsatzstichworten ergänzt um den TM 27 (Mercedes-Benz Atego 1629 F) und das KEF-T (rechts, Mercedes-Benz Sprinter 519 CDI).

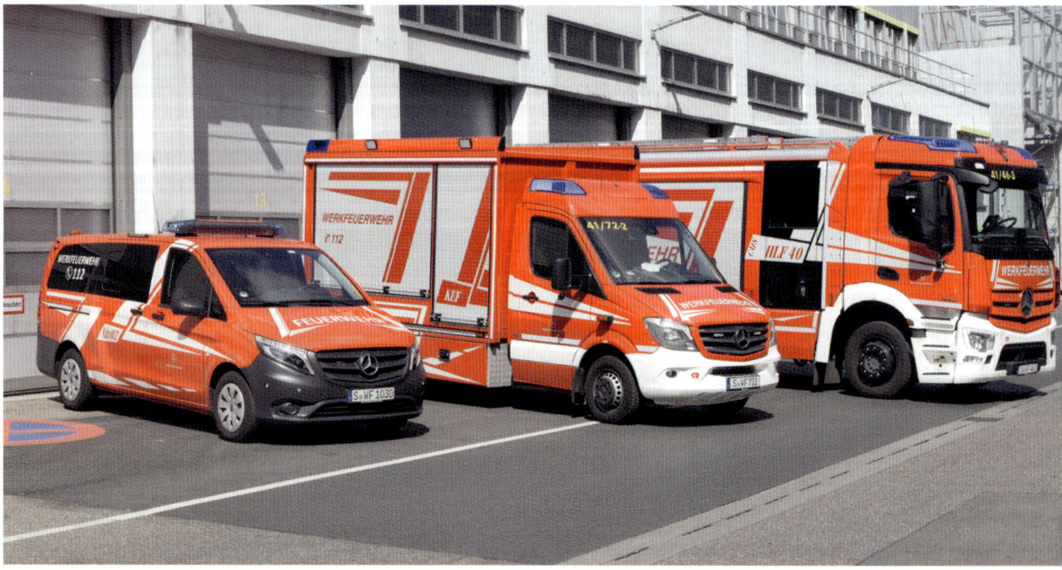

Bild rechts unten:
Die ***Werkfeuerwehr Mercedes-Benz Untertürkheim*** *rückt in den beiden Werkteilen Untertürkheim und Mettingen standardmäßig mit HLF (rechts, Mercedes-Benz Antos 1843 LL), KEF (Mitte, Mercedes-Benz Sprinter 519 CDI) und KdoW (links, Mercedes-Benz Vito 119 BlueTec) zu Brandmeldealarmen aus. Hier zu sehen ist der Löschzug der Feuerwache Mettingen. Bei Bedarf ergänzen Sonderfahrzeuge den Löschzug.*

Danksagung

Das vorliegende vierte Buch über die Mercedes-Benz Werkfeuerwehren und Werksrettungsdienste war ebenso wie seine Vorgänger nur möglich, weil mich die Kolleginnen und Kollegen der Werkfeuerwehren und Werksrettungsdienste in Deutschland, Frankreich, Polen und in der Türkei beim Anfertigen der Fahrzeugbilder hervorragend unterstützt haben (alle nicht gekennzeichneten Bilder stammen vom Autor).

Deswegen möchte ich mich bei Ihnen an dieser Stelle herzlich bedanken!

Ebenso geht an Sie, liebe Leserinnen und Leser, ein herzliches »Danke« für die positiven Rückmeldungen und für Hinweise, die mich erreicht haben. So ist nach einem Hinweis aus der Leserschaft ein farbenfroher Abschluss auf der letzten Buchseite zu finden. Dort ist als zweiter Farbtupfer auch ein alter Bekannter zu sehen, dessen Foto mit freundlicher Unterstützung des THW-Ortsverbandes Landau entstanden ist. **Vielen Dank dafür!**

Und noch **ein Dankeschön** geht an die Freiwillige Feuerwehr in Gernsbach: Extra für das Gruppenbild der Werkfeuerwehr in Gaggenau (Seite 128) wurde an einem Sonntagnachmittag im März 2018 die hier gezeigte Metz DLA(K) 23/12 auf dem Mercedes-Benz Atego 1629 F ins Werk Gaggenau gebracht. Ohne sie (Maschinist und Drehleiter) wäre das Gruppenfoto nicht möglich gewesen!

Zwei ehemalige Fahrzeuge der Werkfeuerwehren bilden Farbtupfer auf der Schlußseite dieses Buches.

*Der **Mercedes-Benz Unimog U416** (125 PS/92 kW, zGM 6 t, Seite 214 des 2013er-Buches) stand von 1975 bis 1985 als Schlauchwagen (SW 1000) bei der **Werkfeuerwehr Mercedes-Benz Sindelfingen** im Einsatzdienst. Seines Feuerwehraufbaus beraubt, mit neuem Aufbau versehen und von Feuerrot in Verkehrsorange umlackiert, war der Unimog von 1985 bis 2008 als Abschleppfahrzeug im Werk Sindelfingen unterwegs. Seit 2008 gehört das Fahrzeug zum Bestand des Unimog-Museums in Gaggenau.*

*Der **Mercedes-Benz Actros 3341 AE 6x6** (408 PS/300 kW, zGM 27 t, Seite 252 des 2013er-Buches), der bei der **Werkfeuerwehr Mercedes-Benz Germersheim** im Einsatz war, sieht seit 2018 beim THW-Ortsverband Landau im blauen Farbkleid bestechend gut aus.*